BUCH&media

W0266329

Sonja Richtzenhain ist Jahrgang 1947 und stammt aus Dessau in der ehemaligen DDR. Sie war dort lange Jahre als Oberstufenlehrerin tätig und wechselte nach der Wende als Lehrkraft an eine Behinderteneinrichtung. Seit dem Studium der Sonderpädagogik in den 90er Jahren arbeitet sie als Sonderschullehrerin. Sie ist verheiratet und lebt in Celle.

Sonja Richtzenhain

# Danke, dass es Dich gab!

## Unser Leben mit Antje

BUCH&media

Weitere Informationen über den Verlag und sein Programm
unter www.buchmedia.de

Bibliographische Information der Deutschen Bibliothek

Die Deutsche Bibliothek verzeichnet diese Publikation
in der Deutschen Nationalbibliographie;
Detaillierte bibliographische Daten sind im Internet
über http://dnb.d-nb.de abrufbar.

Januar 2009

Umschlaggestaltung: Kay Fretwurst, Freienbrink
Herstellung: Books on Demand GmbH, Norderstedt
Printed in Germany ISBN 978-3-86520-347-2

# Vorwort

Mit meinem Buch will ich mich in erster Linie an betroffene Mütter und Väter wenden, die sich mit der Problematik und dem Leben mit einem behinderten Kind auseinandersetzen müssen. Da alle von ihnen bei der Geburt eines nicht gesunden Kindes vor einem Berg voller Unsicherheiten stehen, möchte ich mit meinen Erfahrungen versuchen, diesen Eltern Mut zu machen, ihr behindertes Kind als große Bereicherung zu betrachten und es jeden Tag zu behüten und zu lieben, so lange es leben darf. Sie werden trotz vieler Aufopferungen erkennen, dass ein Kind mit Down-Syndrom mehr bedeutet als nur »behindert« zu sein. Es verändert ihre Welt und schenkt ihnen unendliches Glück.

Aufgrund meines persönlichen Lebensweges war auch der meines Kindes anders als der vieler Eltern von heute mit einem behinderten Kind. Wir lebten in der ehemaligen DDR, in der die Problematik um die Entwicklung und Förderung behinderter Menschen sehr einseitig betrachtet wurde und von Chancen auf schulische Bildung nicht die Rede war. Wir kannten kaum Familien, die mit einem behinderten Kind lebten, weil wir sie in der Öffentlichkeit nicht sahen. Trotzdem waren betroffene Mütter und Väter auch in der DDR »erfinderisch« und suchten tröstliche Wege, gemeinsam nach vorn zu blicken.

Daher sind auch die ersten Jahre für und mit unserer behinderten Tochter schwieriger als in der heutigen Zeit, in der Selbsthilfegruppen wie Down-Syndrom-Vereine auf vielfältige Weise Unterstützung geben können.

Ohne eigenes Engagement und letztlich meinen Beruf als Lehrerin wäre mir bei den Entscheidungsfindungen nicht so vieles gelungen. Ich kämpfte stets für die Rechte meines Kindes – und zwar meistens gegen die Behörden, die uns das Leben mit unserer behinderten Tochter eher erschwerten als erleichterten. Im Vordergrund stand immer mein Kind, das ich so behandelt wissen wollte wie »normale« Kinder auch behandelt wurden und werden.

Hier und heute können Eltern nicht nur auf umfassende ärztliche Frühmaßnahmen zurückgreifen, sondern vielfältige Hilfen in Anspruch nehmen, so dass sich auch ein Kind mit Down-Syndrom in unserer Gesellschaft gut entwickeln kann. Dennoch bleibt allen Eltern die Sorge um ihr Kind und dessen Zukunft. Mir liegt es sehr am Herzen, mehr Verständnis und Bereitschaft bei unseren Mitmenschen zu entwickeln, Hilfen anzubieten, wenn sie gebraucht werden, Menschen mit Behinderungen zu integrieren und sie als Teil unserer Gesellschaft zu betrachten.

Wann werden wir an diesem Ziel ankommen?

Wir hatten gerade mit Antje einen dreiwöchigen Kuraufenthalt in Bad Wimpfen, einer alten, geschichtlich interessanten Stadt am Neckar verbracht, an deren Ende uns die Kurärztin einen erfolgreichen Verlauf bescheinigte. Als wir kaum wieder zu Hause waren, fühlte sich Antje plötzlich sehr unwohl, klagte über akute Schmerzen und sagte jammernd: »Nicht gut, Mutti, Antje nicht gut« und – entgegen ihres sonstigen Verhaltens – legte sie sich freiwillig hin. Sie fieberte, und ich war in großer Sorge, weil ich mich außerstande sah, ihr zu helfen. »Wir kommen jetzt nicht ohne ärztliche Hilfe aus«, versuchte ich mich zu beruhigen.

Schweren Herzens, nach kurzer telefonischer Rücksprache mit dem behandelnden Kinderkardiologen, brachten wir unser Kind in die Klinik. Man ließ uns lange warten und kein persönliches Gespräch zu, was uns in der Situation besonders weh tat und wir kaum ertragen konnten.

Voller Sorge überließen wir Antje der Obhut des Ärzteteams in der Aufnahmestation. »Sie braucht bestimmt Antibiotika, das Fieber geht mit den üblichen Medikamenten nicht zurück«, dachte ich bei mir. »Hoffentlich ist sie bald wieder auf den Beinen und bei uns zu Hause«, sagte ich, nichts ahnend, dass eine Katastrophe eingeleitet war.

Wir besuchten Antje jeden Tag, und ich sorgte dafür, dass sie ein Telefon ans Bett bekam, damit wir ständig mit ihr in Kontakt sein konnten. So rief ich sie am Abend des 29. April 2003 an, direkt nach meiner Heimkehr aus dem Krankenhaus, um zu testen, ob es mit dem Telefonieren klappt. »Hallo Antje, kannst du mich hören?«, rief ich in die Telefonmuschel, »geht es dir jetzt besser?« »Ja, Mutti.« »Du musst immer den Hörer gut auflegen, damit ich dich anrufen kann«, waren meine Worte an sie.

Es war ein kurzes Gespräch und sollte das Letzte mit ihr sein. Es klingt in meinen Ohren, als hätte es erst gestern stattgefunden.

Am nächsten Morgen gegen elf Uhr vernahm ich plötzlich den schwachen Ton meines mobilen Telefons in meiner Schultasche. Ich griff schnell danach und hörte meinen Mann aufgeregt sprechen:

»Das Krankenhaus hat eben angerufen. Wenn wir unsere Tochter noch lebend sehen wollen, dann müssen wir sofort kommen!« Ich hielt den Atem an. Die Luft blieb mir weg. Meine Schüler schauten fassungslos auf mich, als ich sie Sekunden später kommentarlos aus der Klasse drängte. Alles in mir zuckte. Ich klemmte meine Beine buchstäblich unter den Arm und rannte zum Auto, das ich vor dem Schulhaus geparkt hatte. Ein Glück, es gerade jetzt zur Verfügung zu haben, und nun verwandelte es sich förmlich in ein Flugzeug, so unerlaubt schnell raste ich von der Schule bis zur Klinik. Ich stürzte in das Gebäude der Medizinischen Hochschule in H. und meldete mich völlig aufgelöst bei der Auskunft, doch wollte der dortige Mitarbeiter erst einmal ausführlich Antjes Aufnahmedaten erfahren.

Im selben Moment erblickte ich jedoch meinen Mann, der mit mir den Aufzug zur Intensivstation suchte. Wir rannten in die Station und rissen die Tür auf. Ein ungewohnter Geruch von Medikamenten strömte uns entgegen. »Kommen Sie bitte«, sagte der Arzt – ganz unangemessen ruhig. Ich sah ihm augenblicklich an, dass er uns großes Unheil verkünden wollte. Zu spät! »Für Antje war keine Rettung mehr möglich. Wir haben ihr noch einen Herzschrittmacher eingesetzt, aber wir haben es nicht mehr geschafft, sie zu retten«, versuchte er uns zu erklären. Wir saßen betroffen vor ihm. Es schien seinerseits alles »abgehakt« und offensichtlich präsentierte er uns, was uns in die Ausweglosigkeit drängte. Wir sahen ihm an, dass keine medizinisch rettenden Maßnahmen mehr vorgesehen waren. Ich fragte erregt: »Wo ist sie?«

Antje lag auf einer Liege und war mit einem Tuch zugedeckt. Ich konnte keinen ruhigen Gedanken fassen, und doch kam es mir immer wieder in den Sinn, dass es nicht wahr sein könne, was hier passiert war, ausgerechnet in einer Klinik! Zärtlich strich ich ihr unter Tränen über das Gesicht und den Körper, an den die Schläuche noch angeschlossen waren. Antje hatte eine warme Stirn, ihr Lebenslicht war gerade erst erloschen.

Ich sah auf mein Kind, das immer quicklebendig gewesen war, unendlich lieb und anhänglich, mein Sonnenschein, ein stets fröhlicher Teil meines Lebens. Ich spürte, dass jemand unser festes Band zerrissen hatte. Ich hasste den Tod, und mein Glauben an Gott war zutiefst erschüttert.

Da lag sie, meine Herzliebste, leblos und schweigend. Keine Regung war mehr zu spüren, und die Tränen liefen hemmungslos über mein Gesicht. In mir ballten sich Wut und Angst zusammen. Ich war über alle Maße schockiert und unfähig, rational zu denken, geschweige denn zu handeln. Irgendwann brach es aus mir heraus: »Was«, schrie ich laut, »was hatte sie überhaupt? Was waren das für akute Schmerzen? Was war das für ein Infekt, von dem Sie immer sprechen? Einfach so sterben lassen?« »Leider können wir Ihnen dazu nichts sagen, wir sind selbst überrascht worden!«, lautete die Antwort, die mich völlig ins Leere stieß.

Die ständig hantierende Schwester machte mich nervös, weder sie noch jemand vom übrigen Personal kam auf die Idee, dass wir uns von unserer liebsten Antje in Ruhe und allein verabschieden wollten. Die Umstände auf der Intensivstation waren nicht auf ein langes Abschiednehmen eingestellt, was für uns unverzeihlich war und auch immer bleiben wird. Hier gab es nur notdürftige Abtrennungen zu den anderen schwerkranken Patienten, und so musste ich zwangsläufig das mich umgebende Morphium einatmen, das in mir einen ungeheuren Brechreiz hervorrief.

Da standen wir, Papa und ich, betroffen und machtlos zugleich. Wie hatte das nur geschehen können? Hatte ich meine Liebste nicht den Ärzten dieser Klinik anvertraut, damit man ihr half? Das kurze, anschließende Gespräch mit dem behandelnden Stationsarzt weckte in mir große Zweifel, und mein Vertrauen in ärztliche Hilfe wich mit jedem Moment: »Ja, wer hat denn im Notfall gleich einen Arzt vor Ort?«, äußerte er. »Wir haben alles, aber auch alles getan, das können Sie glauben!«, sprach er weiter. Ich war fassungs- und hoffnungslos zugleich. Konnte ich diese Äußerungen so annehmen? Konnte ich das glauben?

Die Schwester der Aufnahmestation, in der Antje noch bis zum Vormittag gelegen hatte, erzählte uns schließlich, was vorgefallen war. »Heute Morgen beim Waschen ist Antje plötzlich in meine Arme gesunken. Ich rief gleich um Hilfe. So etwas ist mir noch nie passiert! Und so einen Menschen hatten wir hier noch nicht auf Station.« Sie fing an zu weinen und konnte nicht mehr weitersprechen …

Alle Sachen waren gepackt, das Zimmer hergerichtet für neue Aufnahmen, das Bett zum Desinfizieren hinausgefahren. Die Schwester übergab uns Antjes letzte Utensilien: Malblätter, Stifte, ihre Tasche, das restliche Taschengeld, Waschsachen, Hausschuhe, Bademantel … Der Stationsalltag nahm seinen Lauf, und wir verließen verstört das Klinikum. Es regnete in Strömen. Das konnte nichts anderes bedeuten, als dass der Himmel seine Tränen in dieser schicksalhaften Stunde über uns verschüttete.

Der Kummer quälte mich. Die Tränen flossen, und die Situation drückte auf meine Seele. »Wie konnte das passieren?«, fragte ich mich immer wieder. Warum wurde keine zielgerichtete Behandlung eingeleitet? Was haben sie mit ihr gemacht? Was haben sie unterlassen? Warum hat man mit uns nicht rechtzeitig gesprochen? Was habe ich falsch gemacht? Was hatte Antje für einen plötzlichen Anfall? Meine Ratlosigkeit verwandelte sich in Wut und Hass. In meinem Kopf kreisten die Gedanken: »Wieso ist Antje in einem so renommierten Krankenhaus nicht gerettet worden?«

Die Fragen krampften mein Herz zusammen, doch keine von ihnen konnte beantwortet werden. Die Ursache von Antjes plötzlichem Tod konnte im Nachhinein nicht mehr geklärt werden.

Später fragte ich mich immer wieder, warum ich in diesem Moment nicht bei meinem Kind gewesen war. Aber ich hatte einfach nicht damit gerechnet, sie zu verlieren, schließlich hatte nichts, rein gar nichts darauf hingedeutet! Und bis zum gleichen Morgen hatte sie ja sogar noch auf der Aufnahme- und nicht auf der Intensivstation gelegen!

Ich hatte mich mit ihrem Tod abzufinden, aber konnte ich das überhaupt? Es schien, als wäre die Sonne untergegangen, die Wärme ihrer Strahlen für immer verloschen. Ich vermisste Antje unendlich und hatte das Gefühl, als wäre ein mühselig aufgebauter Turm durch ein plötzliches Erdbeben in sich zusammengefallen und als erinnerten einzig die herumliegenden Steine an ihn.

Erst nach und nach begriff ich, welchen außergewöhnlichen Schatz meines Lebens ich verloren hatte. Ich merkte, dass mich mit meinem Kind eine ganz besondere Beziehung verband, die uns im Laufe der gemeinsamen Jahre zusammengekettet hatte. Antje hatte immer einen Platz in meinem Leben eingenommen, der fest mit mir verbunden war. Ich wusste, dass alles nie wieder so sein würde wie zuvor.

Ich haderte mit Gott und verstand ihn nicht. Warum hatte er sich ausgerechnet mich dafür »ausgesucht«, ein behindertes Kind zur Welt zu bringen? Nun, wo Pflichten und Fürsorge mit unendlicher Liebe zu diesem Kind verschmolzen waren, »nahm« er mir dieses Liebste wieder weg. Hatte Gott mir nicht den Auftrag erteilt, ein besonderes Kind aufzuziehen und alle damit verbundenen Probleme und Sorgen zu lösen? Hatte ich diesen Auftrag nicht ausreichend erfüllt? Ich kam mit meinen Überlegungen nicht weiter. Der Schmerz um den Verlust meines Kindes quälte mich ungemein.

Jetzt, wo ich viel Literatur über Leben und Tod gelesen habe, glaube ich daran, dass Antjes Erdendasein vorbestimmt war, geprägt von einer bestimmten Mission, die sie hier zu erfüllen hatte. Ohne mein Kind hätte ich selbst vieles nicht gelernt und erfahren. Antje beeinflusste meine ganze Lebenseinstellung und zeigte mir, was wichtig ist und was nicht. Dafür danke ich ihr von Herzen!

Ich erinnere mich an die gemeinsame Zeit mit Dir, Antje, und jeder Tag in Deinem Leben ist mir gegenwärtig. Ich vermisse Dich unendlich sehr!

# Du bist gegangen

Du bist gegangen.
Dein Lebenslicht ist erloschen.
Du bist nicht mehr.
Ich kann es noch gar nicht fassen.

Wir lebten gemeinsam,
nun ist es einsam geworden.
Das Dasein füreinander,
das Besorgtsein umeinander –
alles ist zu Ende.

Es gibt nur noch Nachworte und Nachgedanken.
Wie unerbittlich der Schlusspunkt beim Lebenslauf ist.
Wie kurz wird das Leben,
wenn es mit wenigen Daten beschrieben wird.
Wer kann ermessen, was dein Leben gewesen ist?
All die vielen wertvollen Augenblicke –
in Worte kann ich das nicht fassen.
Das Wesentliche trage ich im Herzen.
Meine Gedanken kreisen um das, was war.
Es wird nie mehr so sein.
Ich weiß, was ich verloren habe.

Ich zünde eine Kerze für dich an –
und denke an dich.
Du bist gegangen –
ich bin mit meinen Gedanken
allein zurückgeblieben.

Du bist nicht mehr am Leben.
Ich beuge mich und weine.
Es ist so unbegreiflich!
Ob dich meine Worte noch erreichen?
Meine Hilfe brauchst du nicht mehr.
Mein Gefühl greift ins Leere.
Ich merke: mit dir ist ein Teil von mir gestorben.

Eben warst du mir noch nahe.
Ich spüre noch deine Wärme.
Die Wohnung scheint sie noch auszustrahlen,
wie eine Steinwand eine Zeit lang die Wärme hält,
auch wenn die Sonne schon untergegangen ist.
Ich vernehme noch deine Worte
und habe den Klang deines leisen Rufens im Ohr.

Ich fürchte mich davor,
dass alles immer leiser wird – und verstummt.
Ich fürchte mich, allein zu sein
mit mir und der Erinnerung.

*(Peter Lever: »Ich zünde eine Kerze für Dich an«,*
*© Verlag Ernst Kaufmann 2005)*

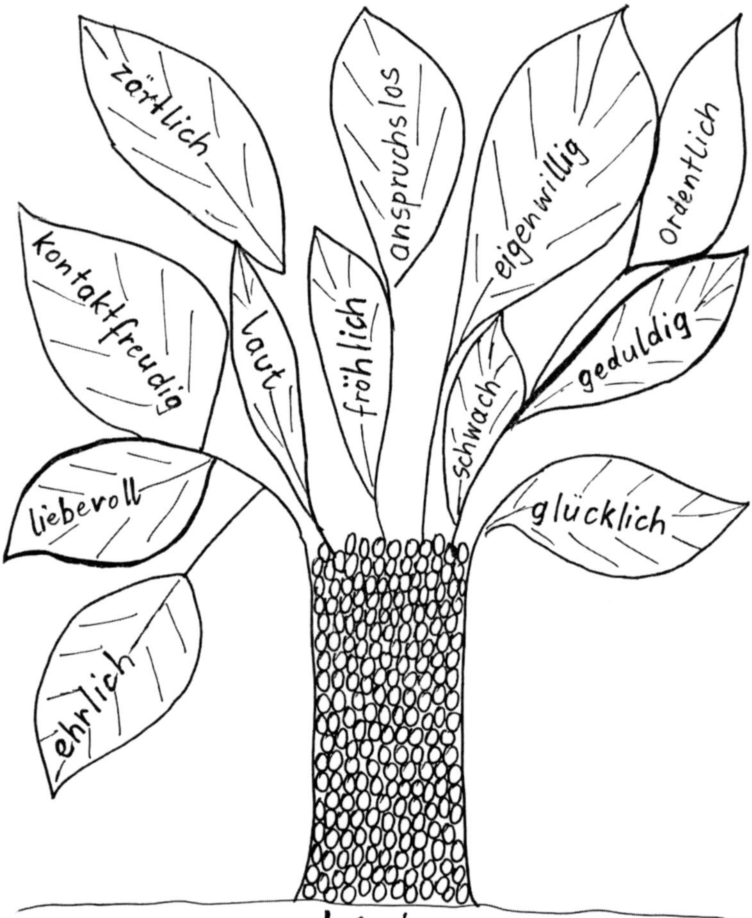


Das bist / warst Du!

# 1.

Es war der 27. August 1981, ein sehr warmer Sommertag. Ich quälte mich unter meinen Wehen und wartete darauf, dass mein Kind endlich das Licht der Welt erblicken würde. Für eine gute Entbindung hatte ich extra den Weg nach L.-W. in Kauf genommen, denn die dortige Klinik war für ihre individuelle Behandlung und Betreuung bei der Geburt gegenüber anderen staatlichen Kliniken des Landes bekannt. Mein Mann hatte wenig Verständnis für meine Entscheidung gehabt und meinte, dass unser Sohn auch gut in unserem Wohnort zur Welt gekommen sei.

Schließlich musste die Geburt eingeleitet werden, weil mein Baby keine Normallage einnehmen wollte, und letztlich war auch ein Kaiserschnitt nicht mehr zu umgehen. Als ich aus der Narkose erwachte, wunderte ich mich, dass ich mein Kind nicht sogleich sehen durfte. Ich erlebte die glücklichen Mütter neben mir und sagte zur Schwester: »Wann kann ich mein Kind endlich sehen?« »Morgen«, erwiderte sie, und weil ich noch sehr mitgenommen war, machte ich mir keine besonderen Gedanken und wartete geduldig.

Erst am Ende des nächsten Tages legte sie mir ein Bündel auf mein Bett. Aus ihm schaute nur das kleine Gesichtchen heraus, und ich streichelte es zärtlich. »Antje«, murmelte ich vor mich hin. Ja, nun war sie da. Ich konnte noch nicht mal entdecken, ob Arme und Beine am Körper waren. Ich schaute sie an und suchte Ähnlichkeiten mit mir oder dem Papa. In diesem Augenblick konnte ich jedoch keine erkennen. Sie hatte ein kleines Näschen und eine leicht rosige Haut. Ihr Hinterkopf, von dem wenige blonde Haare abstanden, war etwas platt geformt.
Nach kurzer Zeit brachte die Schwester Antje wieder auf die Säuglingsstation, und in den Folgetagen bekam ich mein Baby nur einmal am Tag zu sehen.

Bei meiner Entlassung flüsterte mir die Kinderschwester zu: »Sie werden ein ganz artiges Mädchen haben! Hoffentlich haben Sie die Kleine immer lieb!« »Was soll denn diese Äußerung?«, dachte ich bei mir, und antwortete der Schwester: »Was denken Sie denn!«

# 2.

Endlich kam mein Mann, der frisch gebackene Papa, auf den man schon gewartet hatte. Die Kinderärztin führte uns beide in ein Sprechzimmer und lief aufgeregt hin und her. »Was soll das bedeuten?«, wunderte ich mich. Da hörte ich die Worte: »Wir haben gedacht, dass wir Ihnen vor der Entlassung die Wahrheit sagen sollten. Sie sind Lehrerin? Es wäre nicht angemessen, wenn Sie später von anderen die Wahrheit erfahren würden.« Ich war völlig durcheinander. »Was meinen Sie?«, fragte ich. »Ihr Kind ist nicht gesund«, begann sie ihre Erklärungen, »es hat einen Defekt am Herzen und wird in seinem Leben auch nicht so vorankommen wie andere Kinder. Alles wird sich langsamer entwickeln.«

Ich weinte. Mein Mann weinte. Wir glaubten, nicht richtig gehört zu haben, als die Stimme der Ärztin von neuem ertönte: »Es handelt sich um eine Chromosomenstörung bei der ersten Zellteilung, unmittelbar nach der Befruchtung. Es ist ein Unfall der Natur. Wir haben die Kleine gründlich untersucht. Alle Symptome sprechen für das Langdon-Down-Syndrom.«

Ich überlegte, was das zu heißen hätte. Die Ärztin erzählte uns etwas von »liebes Kind«, »Förderung«, »Verzögerung« usw. Ich verstand in diesem Moment gar nichts mehr. Das konnte doch nicht sein, wir hatten in unserer Familie doch keine »Vorbelastung«! Vielleicht war die Diagnose ein Irrtum! Wie konnte man uns so etwas sagen? »Es gibt ja noch andere Kinderärzte«, dachte ich im Stillen. Wir standen weinend da und sagten kein Wort.

Dann kam auch schon unser Kind, mumienhaft eingepackt in eine Babydecke, aus der nur das kleine Gesicht schaute. Die Schwester legte es in meine Arme und wünschte uns alles Gute. Wir verabschiedeten uns, und betroffen und unsicher in die Zukunft blickend stiegen wir in unser Auto und fuhren schweigend und mit dicken Tränen in den Augen nach Hause. Das Krankenhausteam winkte uns hinterher.

Zu Hause wickelten wir als erstes unser Kind aus. Wir betrachteten es aufmerksam und glaubten nicht, was uns in der Klinik verkündet worden war. Wir saßen uns sorgenvoll und ratlos gegenüber und beschlossen, diese gewaltige Diagnose erst einmal fachärztlich überprüfen zu lassen.

Heiko, unser »großer« Sohn, war elf Jahre alt und mit seinem Alter ein vernünftiger Junge, strebsam und lerneifrig in der Schule. Ich hatte nicht gleich den Mut, ihm mitzuteilen, welches Schicksal über uns hereingebrochen war. So hielt ich mich vorerst zurück.

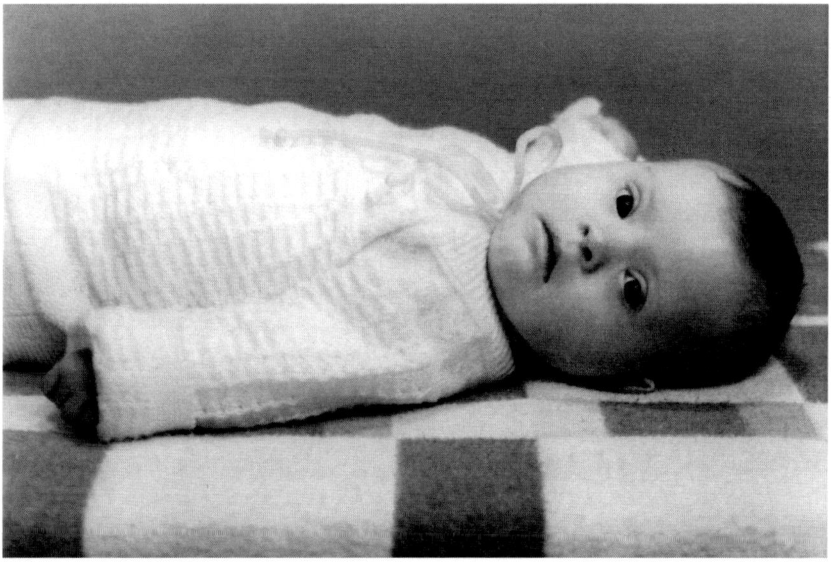

# 3.

Auf Empfehlung kamen wir zu Dr. L., einem Kinderpsychologen. Der sah sich unser Kind an, bestätigte die Symptome des Krankheitsbildes, erklärte uns alle Einzelheiten, wie verzögerte Entwicklung, körperliche Besonderheiten, Folgen und die Möglichkeiten einer Förderung. »Eine Behandlung kann ich in dem Fall nicht einleiten«, sagte er. »Sie müssen das akzeptieren.« Mein Mann und ich fühlten, dass uns die Äußerungen dieses Psychologen nicht überzeugten, und so meldeten wir uns bald darauf beim Chefarzt der Kinderklinik in unserer Stadt, Herrn Dr. O., an.

Dr. O. war uns als Spezialist für pädiatrische Medizin bekannt und hatte schon Antjes Bruder in den ersten Lebensjahren betreut. Nun, nach vier Wochen, wurde Antje noch einmal gründlich untersucht. Der Chefarzt machte all unsere Hoffnungen mit einem einzigen Satz zunichte: »Es gibt keinen Zweifel. Alle Symptome weisen auf eine Trisomie 21 hin. Ihr Kind hat dazu einen schweren Herzfehler. Ein schwerer Herzfehler, der allein genügt, um ihrem Kind eine Schwerbehinderung zu bescheinigen!« »Behinderung«, »Herzfehler«. Wie konnte das nur sein? Wir Eltern waren doch nicht krank! »Es ist nötig, regelmäßig mit Antje bei uns vorstellig zu werden. Wir nehmen sie in die ambulante Betreuung bei Frau Dr. H. auf, einer Kinderärztin, die Kinder mit Herzproblemen betreut.« »Danke, ja«, stammelte ich. »Ich weiß Bescheid«, brachte ich zutiefst niedergeschlagen heraus. An eine Herzoperation bei Antje wollte sich auch später kein Arzt heranwagen, denn Langdon-Down-Kinder haben eine angeborene große Immunschwäche, und das Risiko war für Antje entsprechend hoch. »Ob Ihr Kind eine OP überstehen würde, ist fraglich«, hörte ich den Arzt sagen.

Wenige Tage nach dieser endgültigen Diagnose besuchte uns eine Mitarbeiterin des Gesundheitsamtes. Vertreterinnen dieser Behörde suchten regulär jede Familie mit einem neugeborenen Kind auf, um die Häuslichkeiten zum Wohle des Kindes zu begutachten. Sie schaute sich das Kind an und fragte, ob ich zurechtkäme, und überzeugte sich von der Ordnung des Haushaltes. Ich fragte sie, ob sie feststellen könne, dass Antje anders aussehen würde. »Ja«, antwortete sie. Ich schaute sie mit großen Augen an. »Antje hat das Down-Syndrom. Das ist auf einen genetischen Defekt zurückzuführen.« »Sooo? Das sehen Sie?«, fragte ich zurück. In mein Gesicht zogen Enttäuschung und Traurigkeit. Der letzte Funken Hoffnung war damit für mich gewichen.

Ein behindertes Kind, was kommt da auf mich und auf unsere Familie zu? In meinem Kopf schwirrten die Gedanken chaotisch umher, und ich konnte die Wahrheit nicht fassen! In mir brach eine Welt zusammen, eine Hoffnung auf eine Tochter, mit der ich gemeinsam durchs Leben hatte gehen wollen.

Ich stand an Antjes Körbchen, das ich vor der Entbindung liebevoll in Rosa zurechtgemacht hatte. Ich trauerte um mein Kind, obwohl es gerade erst geboren war und wünschte, dass es besser gleich wieder einschliefe – für immer! Ich stellte mir ein Leben für Antje vor, das nicht normal verlaufen sollte, dass sie stets auf meine und auf die Hilfe anderer angewiesen sein würde, und dass sie unter ihren Einschränkungen zu leiden haben würde. Bei all diesen Gedanken wurde mir heiß und kalt. Ich fühlte mich unmenschlich, und meine Trauer um das verlorene Hoffnungsbild erfüllte meine Seele. Jeder folgende Tag war von der Angst geprägt, wie es weitergehen würde, alles schien unabänderlich. Ich war untröstlich und völlig hilflos der überwältigenden Situation ausgesetzt. In meiner Verzweiflung wurde mir klar, dass ich aufpassen musste, mich nicht ganz in der Sorge um Antje zu verlieren.

# Wahrheit oder Traum

Träum ich oder wach ich,
was ist falsch und was ist wahr?
Ausweglos! – Was mach ich?
Sitze nur noch hilflos da.

Hin- und hergerissen,
suchend, fragend und schockiert.
Tränen auf dem Kissen.
Jemand, der den Halt verliert.

Was ist nur geschehen?
Warum ausgerechnet mir?
Wie solls weitergehen?
Überleg ich dann nun hier.

Armes, kleines Kindelein,
kamst behindert auf die Welt.
Mögest du auch anders sein,
nur die Liebe ist es jetzt, die zählt!

Du bist mein – trotz allem,
uns vereint ein starkes Band.
Ich lass dich niemals fallen,
halt dich fest an meiner Hand.

# 4.

Traurig und verständnislos sah Heiko uns weinen und begriff nicht, warum wir unglücklich waren. Seine fragenden Blicke waren auf mich gerichtet und zwangen mich, ihm eine Erklärung zu geben. »Antje ist nicht gesund«, sagte ich stockend. »Sie ist behindert.«

Schweigen betrat den Raum. Ich hielt für Sekunden den Atem an, und mir wurde bewusst, was ich dem kleinen Kerl da mitgeteilt hatte. Er hatte keine Vorstellung von der Schwere dessen, was ich meinte, und konnte den Sachverhalt nicht erfassen. Heiko schaute auf sein Schwesterchen und fühlte sich sogleich in der Verantwortung, die er mittragen wollte. In dem Moment konnte er sich natürlich kein Bild von dem wahren Ausmaß machen, das Antjes Behinderung zur Folge hatte. Wie selbstverständlich entwickelte er ein inniges Gefühl von Liebe und Zuwendung für sein Schwesterchen.

Er gab ihr liebevoll das Fläschchen, kommunizierte und beschäftigte sich auf besondere Weise mit ihr. Dennoch sah sein kindliches Gesicht ernst und oft traurig aus. Er bemerkte bald, dass ich unentwegt mit Antje beschäftigt war, und nach mehr als vier Wochen war in ihrer Entwicklung kaum ein Fortschritt zu erkennen.

Seine Schwester hatte einen betont kleinen Kopf, zu dünne Beinchen, zu kleine Ohren, kleine, schlitzhafte Äuglein, eine übermäßig große Zunge sowie kurze, dicke Finger. Der Körper war schwach und dünn. Wir schmusten mit Antje so oft wir konnten, und reichten ihr die ersten Spielzeuge, die sie aber noch gar nicht festhalten konnte. Bald gewöhnten wir uns an das etwas andere Aussehen, und für uns wurde es normal. Sehr sensibel reagierte ich auf alle Laute meines Kindes und fing an, es intensiv zu beobachten, aus Angst vor der Diagnose, die jedoch völlig unabänderlich schien und sich auch für mich bestätigte.

# 5.

In der ersten Zeit schwankten meine Gefühle täglich in allen Höhen und Tiefen. Natürlich behütete ich mein Kind mit großer Fürsorge und war bestrebt, es vor Dingen, die für sein Leben Gefahren brachten, zu bewahren. Vor mir lag mein Kind, ein kleines, hilfloses Wesen, und mir blieb gar nichts übrig, als mich mit seiner Behinderung auseinanderzusetzen. Zuerst besorgte ich mir Literatur zum Thema Behinderung und Down-Syndrom. Bis zum Zeitpunkt meiner eigenen Betroffenheit hatte ich keinerlei Kenntnisse darüber und auch keine Berührung damit. Nicht einmal während meiner Ausbildung als Lehrerin hatte ich etwas darüber erfahren! Ich besorgte mir das Buch »Das mongoloide Kind« von Christof Wunderlich, das mir half, in die Problematik »einzusteigen«. Ich versuchte, mich über weitere Literatur selbst aufzuklären und Bücher wie »Ein Kind kann keine Schule besuchen – hat es überhaupt eine Entwicklungschance?« von Essbach oder R. Gepperts »Die Last, die du nicht trägst« bzw. S. Görres' »Leben mit einem behinderten Kind« halfen mir in meiner ersten Verzweiflung, das Schicksal so zu nehmen wie es war.

Ich sah mich veranlasst, Kontakt zu behinderten Menschen aufzunehmen, und weil ich mich mit diesem Thema noch nie beschäftigt hatte, musste ich in eine Behinderteneinrichtung gehen, um zu verstehen, wie die Zukunft für mein Down-Baby aussehen würde. Ich schaute mir die Arbeits- und Beschäftigungsplätze in dieser Einrichtung an und lernte das Leben in der Gemeinschaft kennen.

Ich war gänzlich unvorbereitet und fast schon ratlos, als plötzlich eine erwachsene Frau mit Down-Syndrom auf mich zukam und mich berührte. Ich wusste nicht, wie ich mich ihr gegenüber verhalten sollte, doch wurde mir schnell klar, dass man sie einfach lieb haben musste. Sie streckte die Hand nach mir aus, und ehe ich mich versah, hatte sie mir einen Kuss auf die Wange gedrückt.

Das kleinkindhafte, aber zutrauliche Wesen dieses Personenkreises fiel mir besonders auf, und es dauerte nicht lange, da gelang es mir, meine Ängste abzubauen und Kontakt herzustellen. Ich spürte bald, dass es für behinderte Menschen wichtig war, sie zu akzeptieren und voll zu respektieren. Schnell merkten die Betroffenen, ob man es ehrlich mit ihnen meinte und ob man ihnen zugetan war. Diese Erfahrung begleitete mich später auf dem gemeinsamen Weg mit Antje, und ich entwickelte eine innere Beziehung zu Menschen mit Behinderungen, besonders mit dem Down-Syndrom.

# 6.

Regelmäßig stellten wir uns in der Kinderambulanz zur Mütterberatung ein. Hier wurden alle Kinder gewogen, gemessen, bekamen wichtige Impfungen und wurden auf ihre Persönlichkeitsentwicklung hin untersucht. Die Mütterberatung war für Neugeborene bis zum ersten Lebensjahr verpflichtend, und sie half herauszufinden, wenn sich das Baby nicht »normal« entwickelte oder Krankheiten erkennbar wurden. Ich musste meist hören, dass mein Kind kaum an Gewicht zugenommen hatte. Man gab mir Ratschläge, was ich für Antje weiter tun sollte, damit sie sich positiv entwickeln würde.

Die Nahrungsaufnahme bereitete uns in der Tat große Mühe, und ich musste viel Zeit einplanen, um Antje das Fläschchen zu geben und später den Brei zu füttern. Im Sprechzimmer fühlte ich beobachtende und gleichzeitig bedauernde Blicke auf mich gerichtet. Ich streifte sie schnell ab, denn meine Fürsorge galt ausschließlich meinem Kind. Ich übte mich in Geduld und in der Hoffnung, dass es mit dem Essen für Antje besser werden würde. Wenn ihr der Brei nicht behagte, machte sie ihren Mund auf und presste ihn seitlich wieder heraus. Ich hatte eine Unmenge an Kleidung für Antje zu waschen, denn die kleinen Lätzchen reichten bei weitem nicht aus, und so bedeckte ich bei jedem Essen das ganze Kind mit Tüchern. Einige Jahre später freute ich mich umso mehr, als ich sah, dass Antje ihren Löffel selbst halten konnte. Vom sauberen Essen waren wir aber auch damals noch weit entfernt.

# 7.

Im Verlaufe des ersten Lebensjahres erlebte ich bei Antje fast im monatlichen Rhythmus bronchiale Erkrankungen. Die Motorik und ihre Muskulatur waren schwach. Antje machte mit sieben Monaten noch keine Bewegungen. Sie lag ständig auf dem Rücken, und ich versuchte sie oft seitlich zu betten, damit sich die Liegeposition für sie änderte. Auf mein Drängen bekam ich für Antje spezielle Säuglingsgymnastik verordnet, um ihre Muskulatur zu stärken und sie »auf die Beine« zu bringen.

Bald schaffte sie es unter großem Kraftaufwand, sich vom Bauch auf den Rücken zu drehen und fing an, nach vorgehaltenen Gegenständen zu greifen. Unsere Heilgymnastin I. bemühte sich in der Therapiestunde, Antje körperlich zu stabilisieren. Antje lag auf dem Bauch und sollte sich nach oben stützen, aber die schwache Muskulatur ließ sie immer wieder platt nach unten fallen, und schon weinte sie, weil ihr diese Lage nicht behagte. Um dem entgegenzuwirken, zeigte die Physiotherapeutin Antje einen überdimensional großen Spiegel an der Wand, der sie sofort faszinierte, weil sie ihre Körperbewegungen sehen konnte und in dem sie sich fortan ständig betrachtete. So hob sie dazu ihr Köpfchen und versuchte sich fortzubewegen. Die Kräftigung der Beine verhalf Antje bald zum Stehen und später zum Laufen. Ich bin I. heute noch für ihre Hilfe dankbar, die investierte Zeit zahlte sich in jeder Beziehung für mein Kind aus. Unsere Männer waren Jugendfreunde, und so halten wir auch heute noch Kontakt miteinander.

I. empfahl uns auch, die genetische Sprechstunde zur Abklärung der Diagnose aufzusuchen, nicht zuletzt auch für unseren Sohn, um einen vererbbaren genetischen Defekt auszuschließen, der ihn in einer Partnerschaft belasten würde. Deshalb suchten wir mit Antje die Beratungsstelle in M. auf. Nach intensiven Gesprächen mit dem leitenden Arzt wurde eine Chromosomenanalyse veranlasst, die uns bestätigte, dass kein vererbter genetischer Defekt vorlag. Vielmehr handelte es sich um einen »einmaligen« Unglücksfall der Natur. Wir erhielten das Dokument dieser Untersuchung: Freie Trisomie 21 mit angeborenem schweren Herzfehler. Dieses Ergebnis schüttelte erneut meine Gefühle durcheinander. Ich wusste nun, dass ich ein schwerbehindertes Kind hatte, das immer auf Hilfe angewiesen sein würde. Dieser Tatsache konnte ich nicht mehr aus dem Weg gehen. Der Herzfehler war besonders gravierend, und man diagnostizierte einen Septumdefekt in der Herzscheidewand, der für sich genommen schon ein großes Handicap im Leben meines Kindes sein würde, und dem ich besondere Beachtung zu schenken hatte. Ich war niedergeschlagen, wollte und musste mich dem Schicksal aber stellen. Ich liebte mein Kind so wie es war, und versuchte, alles für seine bestmögliche Entwicklung zu tun. Was sollte aus diesem hilflosen Wesen werden? Über ein Jahr lang nahmen wir die genetische Sprechstunde in Abständen wahr, die uns half, Probleme mit dem Arzt zu besprechen, vor allem aber Antje hinsichtlich ihrer Entwicklung zu überwachen. Dann ließen wir davon ab, weil wir an keinen Nachwuchs mehr dachten.

# 8.

Von großer Wichtigkeit für mich aber war, Kontakt zu anderen betroffenen Eltern mit Down-Syndrom-Kindern zu finden. »Unmöglich, dass nur ich allein solch ein Kind habe«, dachte ich bei mir. Zufällig hörte ich eines Tages über die Kirchengemeinde von einer engagierten Frau, die eine Gruppe von Eltern mit behinderten Kindern betreute, Zusammenkünfte und Freizeiten organisierte. In meiner Verzweiflung rief ich Frau E. an: »Unsere Antje ist mit einer Behinderung geboren – Down-Syndrom. Sie kennen – wie ich weiß – auch andere betroffene Eltern. Kann ich mich Ihnen anschließen?«, fragte ich vorsichtig. »Ja, natürlich, aber es gibt mehrere Familien mit kleineren Kindern, da kommt eine extra Gruppe zusammen. Wir treffen uns …« Ich war dankbar und notierte mir sogleich den Termin.

Von diesem Moment an organisierten wir betroffenen Eltern mit Unterstützung von Frau E. unsere Zusammenkünfte, die meist in einem Gemeinderaum bei uns in D. oder im Umkreis stattfanden. Wir tauschten uns über unsere Kinder aus, die alle vier das Down-Syndrom hatten, und konnten uns miteinander trösten. Wir feierten die Geburtstage und andere Höhepunkte im Jahr zusammen und besuchten uns regelmäßig untereinander. Ehrenamtlich und völlig uneigennützig leistete Frau E. diese Dienste für viele behinderte Menschen und deren Eltern aus zutiefst christlicher Überzeugung. Da es weder kommunale noch andere organisierte Angebote gab, ist ihr Engagement nicht hoch genug einzuschätzen, und ihr gebührt ein vielfaches Dankeschön. In den Herzen der Betroffenen hat sie sich durch ihre Einsatzbereitschaft ein bleibendes Andenken gesetzt.

Über Jahre hinweg hielten wir unsere Treffen aufrecht und konnten verfolgen, wie sich unsere Kinder entwickelten. Sie krabbelten alle zusammen durch den Raum und tapsten ungelenk hin und her. Antje war die zarteste der vier Kinder. Sie fühlte sich meist auf meinem Arm geborgen und kuschelte sich an mich. Die Gemeinschaft stützte uns alle sehr, und in unserem Kummer fühlten wir uns nicht mehr allein. Ich erinnere mich gern an diese Zeit, denn wir lernten durch unseren Austausch die Besonderheiten unserer Kinder und den Umgang mit ihnen besser kennen. Wir freuten uns gemeinsam über jeden Fortschritt, den sie zeigten, und wollten die gemeinsamen Zusammenkünfte bald nicht mehr missen.

Bei den monatlichen Kontrolluntersuchungen war bei Antje kaum einmal eine deutliche Gewichtszunahme zu vermerken. Brei-Essen und Trinken waren mühselig. Sie spuckte die Nahrung aus, und die therapeutischen Behandlungen brachten nach einem Jahr noch keine Erfolge. Nach dem ersten Lebensjahr konnte Antje noch nicht frei sitzen. Es begann eine lange Phase, in der sich Infekte mit erhöhter Temperatur und Bronchitis abwechselten. Antje bekam frühzeitig Medikamente, und ich merkte bald, dass ich mich im Dauereinsatz in Sachen Pflege und Betreuung befand. In großer Sorge um die Entwicklung meines Kindes und mit vielen Untersuchungen gingen das erste Lebensjahr und damit auch meine Freistellungszeit als Lehrerin vorüber.

# 9.

Nach dem Babyjahr verstärkte sich in mir der Wunsch, meine Arbeit als Lehrerin wieder aufzunehmen. Ich war bereits zehn Jahre im Schuldienst tätig gewesen und immer noch sehr glücklich, diesen Beruf gewählt zu haben. Die Arbeit mit den Kindern machte mir Spaß und baute mich auf.

Pünktlich zu Beginn des neuen Schuljahres stellte ich mich in der Schulbehörde ein, um meinen weiteren Einsatz zu besprechen. Der Arbeitsplatz war mir während meiner Freistellungsphase erhalten geblieben, jedoch nicht der Arbeitsort. Unweit unseres Hauses lagen zwei Neubauschulen, für die ich mich interessierte und wo ich nun gern tätig werden wollte.

Als ich der Schulbehörde mein Anliegen vorbrachte, wieder in den Beruf einzusteigen, war die Personalleiterin erstaunt: »Na, Sie trauen sich was! Mit so einem Kind wollen Sie wieder arbeiten?« »Natürlich, warum nicht? Es gibt doch bei uns Kinderkrippen, und ich habe die Möglichkeit, mein Kind dort vormittags unterzubringen. Ein Platz ist frei«, antwortete ich ihr – überzeugt, dass der uns sicher war. Die Kinderkrippe lag auf dem Weg zur nahen Schule.

Bald darauf führte ich mit dem Schulleiter ein Gespräch und begann meinen Dienst vorübergehend mit verminderter Stundenzahl. Ich gestehe, dass mir doch etwas bange war, mein Kind morgens auf dem Fahrrad mitzunehmen, weil die Krippe auf meinem Dienstweg lag. »Ob die Kollegen Verständnis aufbringen?«, schoss es mir durch den Kopf. »Mittags muss ich gehen, wie nehme ich meine schulischen Verpflichtungen wahr?«, überlegte ich und wusste, dass Antjes großer Bruder oftmals in meiner Abwesenheit die Betreuung würde übernehmen müssen.

# 10.

Antje wurde am 1. September 1982, also gut ein Jahr nach ihrer Geburt, in die städtische Kinderkrippe aufgenommen. Die Zeit dort war nicht unproblematisch: Antje fieberte oft, aß schlecht, und ihr Gewicht schwankte weiterhin mehr nach unten als nach oben. Besonders auffallend war der Dauerschnupfen, der bei ihr einsetzte; die Nase war ständig verschmiert und verkleistert. Ohne Taschentücher konnte ich mich mit ihr nicht aus dem Haus bewegen. Häufig musste ich mit ihr in die Kinderambulanz, und erst mit einer Arztbescheinigung war sie wieder »krippenfähig«.

Im Kollegium kam man mir aufgrund meines Kindes sehr entgegen, und man entschuldigte, wenn ich fehlen musste, weil Antje erkrankt war. Es war mir natürlich nicht sehr angenehm, doch konnte ich mich der Situation nicht entziehen. Zu Hause behütete und pflegte ich mein Kind so gut ich konnte, damit es schnell wieder gesund werden würde. Ich litt mit ihr mit, wenn ich merkte, dass sie fieberte oder eine Bronchitis behandelt werden musste.

Die Mitarbeiterinnen in der Krippe waren mit der neuen Aufgabe, ein behindertes Kleinkind zu betreuen, sichtlich überfordert. In den Räumlichkeiten war nichts behindertengerecht ausgestattet, aber das Personal bemühte sich sehr um eine angemessene Pflege und Betreuung für mein Kind. Die Leiterin entdeckte dabei eine ganz neue Aufgabe für sich: Sie beantragte bauliche Veränderungen, da der normale Krippenablauf nicht in das Raster behinderter Kinder passte, und letztlich wurde diese Krippe Vorreiter für die Aufnahme weiterer behinderter Kleinkinder. Bald entstand eine Gruppe mit fünf Plätzen, die alle in kurzer Zeit belegt wurden. Das Personal absolvierte verschiedene Fortbildungsmaßnahmen, um sich die notwendige Kompetenz im Umgang mit behinderten Kindern anzueignen. So praktizierte man wahrhafte Integration.

Durch den Kontakt der behinderten Kinder mit der Gruppe der gesunden bemerkte ich bei meinem Kind Fortschritte in der Sauberkeitserziehung durch die regelmäßigen »Topfzeiten« sowie Dinge, die sich Antje von den anderen Kindern abguckte und nachahmte.

Dennoch kann ich meinen Aufzeichnungen entnehmen, dass eine Vielzahl grippaler Infekte Antjes Körper immer wieder schwächten. Jedes Mal wieder war es für ihren kleinen Körper eine enorme Anstrengung, das Kranksein zu überwinden. Meine intensive Pflege und Zuwendung zu ihr ließen sie sämtliche Infekte bezwingen.

# 11.

Zur ersten großen Feier in Antjes Leben luden wir alle Eltern und Kinder unserer Elterngruppe sowie Freunde, Nachbarn, Paten und unsere gesamte Familie ein: Wir feierten Taufe. Antje war genau ein Jahr alt.

Zur Feier des Tages wanderte Antje von einem Arm zum anderen und war der Liebling des Tages. Sie merkte, dass es ein besonderes Ereignis war, zu dem wir eingeladen hatten. Sie spielte lieb und geduldig mit kleinen Bausteinen. Die Down-Kinder unserer Gruppe saßen an diesem Tag gemeinsam auf der Decke im Garten, keines konnte zu diesem Zeitpunkt laufen.

Versunken in viele Gespräche, verlebten wir einen schönen Spätsommertag. Mir war in jedem Augenblick klar, dass mein Kind Hilfe und Liebe brauchte, und dass wir uns in der Familie sehr um Antje bemühen mussten, um sie Tag für Tag ein Stückchen voranzubringen. Nachbarn und Freunde äußerten sich mitleidig, dabei wollten wir aber gerade nicht bedauert werden!

Antjes Großeltern, meine Eltern, wohnten nicht bei uns im Ort und zogen sich nach jedem Besuch bei uns schnell wieder zurück. Sie waren nicht in der Lage, eine Beziehung zu Antje aufzubauen und uns hilfreiche Unterstützung zu geben. Sie fühlten sich betroffen, konnten mit der Behinderung nicht richtig umgehen, und ihr Stolz auf ein tüchtiges Enkelkind war gebrochen. Diese Tatsache belastete unsere Ehe, besonders in den Anfangsjahren mit Antje, sehr. Ich litt häufig darunter, dass ich für Antjes Betreuung die Großeltern kaum beanspruchen konnte. So waren mein Mann und ich im Wesentlichen auf uns selbst gestellt und mussten zusehen, dass wir allein mit unseren Problemen zurechtkamen. Dabei hatte ich gelesen, welchen besonderen Stellenwert Großeltern für ein behindertes Kind haben können, da gerade der Zeitfaktor im Umgang mit ihnen eine wichtige Rolle spielt. So kam es jetzt und in den Folgejahren dazu, dass wir mehr und mehr getrennt Dinge wahrnahmen, die wir lieber zu zweit als Ehepaar erlebt hätten.

# 12.

In meinem Ehrgeiz als Lehrerin machte ich mir Gedanken darüber, welche Spielmittel meinem Kind Anregung geben könnten, um sein Interesse zu wecken und die kognitive Entwicklung voranzutreiben. In unserem Wohnviertel befand sich zum damaligen Zeitpunkt eine sonderpädagogische Beratungsstelle für stimm- und hörgeschädigte Kinder. Da es für behinderte Kinder keinerlei organisierte Frühförderung gab, bestand nur die Möglichkeit, den Erfahrungsschatz anderer zu nutzen und so nahm ich Kontakt mit der dortigen Leiterin auf. Frau S. gab mir viele hilfreiche Hinweise auf Literatur, Bilderbücher und Spiele, die vor allem Hören und Sprechen fördern sollten. Sie besprach mit mir, wie ich mit diesen Materialien arbeiten sollte. Ihre guten Ratschläge versuchte ich zu Hause zur individuellen Förderung meines Kindes umzusetzen. Energisch wies sie darauf hin, geduldig zu sein und Wert auf ständige sprachliche Anregungen zu legen. Für ihre wertvollen Tipps war ich in der Folgezeit sehr dankbar. Wir hielten Kontakt, und ich konsultierte Frau S. noch viele Male.

So bemühte ich mich täglich, Antje die gleichen Wörter vorzusprechen, sie zum Sprechen zu motivieren, aber die erwarteten positiven Reaktionen blieben aus. Sie brachte keine nachahmungsfähigen Laute, die etwas bedeuteten, hervor. Sowohl die körperliche als auch die geistige Entwicklung waren bei Antje spürbar retardiert, und mit achtzehn Monaten schaffte sie es kaum, an einem Stuhl zu stehen. Ihre Beinchen knickten ein, und schon saß sie wieder auf dem Boden. Unzählige Male probierten wir zu stehen, doch brauchte sie dafür mehr Energie als ich ahnte. Ihr Schlafbedürfnis war zu dieser Zeit enorm hoch, und mit großen Schwierigkeiten verabreichte ich ihr die Nahrung, die sie schon wegen ihrer vergrößerten Zunge schlecht aufnehmen konnte. Antje wog mit fast zwei Jahren nur 7700 Gramm.

## 13.

Im Sommer 1983 planten wir unseren ersten gemeinsamen Urlaub. Unser Ziel war ein hübsch gelegener betrieblicher Bungalow im Vogtland, den wir mit keiner anderen Familie teilen mussten. Das kam uns entgegen, denn für Antje gab es doch viele Dinge, die wir zu ihrer Versorgung brauchten, wie Kinderwagen, Wanne, sehr viel Wechselwäsche, Spielsachen usw.

Durch die Schulferien fiel unser Urlaub in die Hochsaison, und wir erlebten hochsommerliche Temperaturen. Antje zeigte bald auf ihre Weise Protest, als wollte sie mitteilen: »Warum seid ihr mit mir weggefahren?« Die Hitze machte ihr zu schaffen. Wir bemühten uns um Kühlung, wo immer es ging. Sie planschte meistens in der Wanne, wir saßen im Schatten und unternahmen nur kleine Spaziergänge in die nächste Umgebung. Sie kam abends nicht zur Ruhe, nach kurzer Zeit stellte sich Fieber ein. Durch viel Geschrei brachte sie ihr Unwohlsein zum Ausdruck und hielt uns laufend in Bewegung. Voller Sorge verging die erste Zeit; an Erholung für uns selbst war nicht zu denken. »Vorerst werden wir gemeinsamen Urlaub zurückstellen«, überlegten wir. Antje brauchte ihr Zuhause, das hatte sie uns gezeigt, und mehr und mehr rückte unser Kind in den Mittelpunkt unseres Lebens.

# 14.

In den folgenden Monaten stellten sich immer wieder Infekte ein. Antje war häufig zu Hause, und ich verzweifelte, wie labil ihr Gesundheitszustand war und sie von einem Infekt zum nächsten rutschte. Da saßen wir nun oft im übervollen Sprechzimmer der Kinderambulanz, und ich wartete, dass man meiner Antje half. »Wir geben ihr eine Spritze«, hörte ich die Worte der Schwester, und schon ertönten die Schreie meines Kindes, dessen Körper sicherheitshalber festgehalten werden musste. Mich durchfuhr ein ungeheurer Schmerz, als hätte ich selbst die Spritze verabreicht bekommen. »Wieder mindestens acht Tage fehlen«, schoss es mir durch den Kopf. Ich war – wie so oft schon – deprimiert. Den Schwestern der Ambulanz waren wir bestens bekannt, und wir hatten Glück, dass sie uns lange Wartezeiten ersparten. Die Ärztin strahlte viel Ruhe aus, für die ich ihr dankbar war. Wie viel Zeit verbrachten Antje und ich dennoch im Wartezimmer, das meist überaus voll mit kleinen Patienten war! Es bestand immer die Gefahr einer neuen Infektion, und ich war froh, wenn ich es verlassen konnte.

Zu jener Zeit fiel es mir zunehmend schwer, mich auf meinen Unterricht zu konzentrieren; ich litt sehr unter der Anfälligkeit meines Kindes. Meine Gedanken waren unentwegt bei Antje – stets begleitet von der Angst, meinen Dienst wieder unterbrechen zu müssen.

Die grippalen Infekte gingen eine Zeit lang mit einem merkwürdigen Exanthem, einem entzündlichen Hautausschlag, einher. Nach eingehenden Untersuchungen sprach die Ärztin von Durchblutungsstörungen in den Beinen. Antje kam ins Krankenhaus, und ich hatte Angst um sie, als sich durch eine zusätzliche Virusinfektion hohes Fieber von 41,5°C einstellte. Alle eingeleiteten Maßnahmen führten jedoch zu wenig nennenswerten Ergebnissen, und die Hautreaktionen verschwanden nach geraumer Zeit zum Glück wieder von selbst. »Wird sich ihr Zustand jemals stabilisieren?«, dachte ich und tat alles, um ihr behilflich zu sein. Pflege, Liebe, Hautkontakt und Zuwendung – die ich ihr zum Glück immer geben konnte – waren wichtige Gefühle, die Antje täglich benötigte, um ihre gesundheitlichen Krisen zu überstehen.

# 15.

Im April 1984 begann Antje mit ihren ersten Krabbelbewegungen. Sie robbte regelrecht vor- und rückwärts durchs Zimmer oder rutschte auf ihrem Po über den Fußboden. Wir freuten uns über ihre Fortschritte, und ich versuchte, sie jedes Mal zu einem für sie »lohnenswerten« Ziel im Zimmer zu locken. Es war schön zu sehen, mit welcher Energie sie die für sie begehrenswerten Dinge erreichte. Dabei quietschte sie vergnügt und sah mich schelmisch an. Ohne Zweifel war es anstrengend, auf der Hut zu sein, dass nicht laufend etwas kaputt ging.

Damit ihre Beinmuskulatur gestärkt wurde, besorgte ich einen Hüpfgurt, der mit einem stabilen Haken an der Decke angebracht wurde. Wir beachteten, dass Antje uns beim Hüpfen sehen konnte. Durch eine Federung war es möglich, dass sie sich gut vom Boden abstützen könnte. Leider behagte ihr diese »Vorrichtung« jedoch wenig; sie entwickelte nicht genügend Eigenkräfte und baumelte im Sitz herum. So mussten wir uns mit ihr beschäftigen, um sie zu motivieren, sich mit den Beinchen am Boden abzustoßen. Unterstützend verabreichten wir ihr »Multisanostol«, einen wohlschmeckenden Saft, den sie gern schluckte. Wir hatten das Glück, dieses Präparat hin und wieder aus Westdeutschland geschickt zu bekommen, da es uns in der damaligen DDR nicht zur Verfügung stand. Es sollte die Abwehrkräfte stärken und den Gesundheitszustand stabilisieren. Offensichtlich hatte es positive Wirkungen, denn wirklich nahm die Häufigkeit der Infektionen mit der Zeit immer mehr ab.

# 16.

Kurz vor Antjes drittem Geburtstag wagten wir einen erneuten Versuch, mit unseren beiden Kindern in den Urlaub zu fahren. Ein Bungalow an der Brandenburger Seenplatte, der schlicht ausgestattet war und über eine kleine Rasenfläche verfügte, erlaubte es uns, mit Antje Laufschritte zu üben. Sie hielt sich dabei an einem Wägelchen fest oder lief im Laufgitter behutsam von einer Seite zur anderen.

Nicht weit von unserer Unterkunft entfernt lag der Beetzsee. Er lud nicht gerade zum Baden ein, eher stiegen wir mit Antje ins Ruderboot. Das ruhige Dahingleiten im Wasser wirkte auf sie sichtlich entspannend. Seit diesem Urlaub wurde Bootfahren eine ihrer Lieblingsbeschäftigungen. Wir machten sie dabei auf alle Dinge in der Natur aufmerksam, die Vögel und Schmetterlinge, das Glitzern der Sonne im Wasser, und sie reagierte mit kleinen freudigen Tönen, die uns ahnen ließen, welchen Spaß sie hatte.

Unser Tagesrhythmus war ganz auf Antje eingestellt. Dennoch bekam sie auch hier plötzlich Fieber und Durchfall. Mein Mann und ich vermuteten, dass die Ursache die fehlende vertraute Umgebung sein könnte, und wir schafften es nicht, ihre Erkrankung kurzfristig in den Griff zu kriegen. Unsere Nachtruhe war empfindlich gestört, und wir belasteten auch unseren Sohn, weil beide Kinder äußerst beengt in einem kleinen Raum schliefen. Ich entschloss mich deshalb, mit Antje schnellstens nach Hause zu fahren und ließ die halbe Familie zurück, die traurig zusah, wie ich die Koffer packte. Dabei war uns wie immer schwer ums Herz. »Sollte Antje doch lieber zu Hause bleiben?«, überlegte ich. Einige Tage vergingen, und das Gefühl, dass der veränderte Tagesablauf der Auslöser von Antjes Unwohlsein gewesen sein musste, verstärkte sich. All meine Kräfte setzte ich nun daran, Antje wieder »herzustellen«.

So gab es in den Anfangsjahren mit Antje ein ständiges gesundheitliches Auf und Ab. Ich fühlte mich überanstrengt, denn mein Job verlangte von mir volle Aufmerksamkeit und vollen Einsatz. Mehr als die Hälfte meiner Freizeit widmete ich Antjes Pflege und Betreuung. In mir keimte das Bedürfnis, einmal wieder Zeit nur für mich zu haben. Ich trat eine dreiwöchige Vorsorgekur an und gab Antje für diese Zeit in Pflege. »Wir hatten keine Probleme mit ihr«, hörte ich vom Personal, als ich Antje schließlich wieder abholte, und war dennoch froh, sie wieder bei mir zu Hause zu wissen.

Wenige Tage später bekam Antje erschreckend hohes Fieber. Wir waren völlig ratlos und mussten den Arzt aufsuchen, der sie gleich ins Krankenhaus einwies. In mir brach vor lauter Sorgen meine Hoffnung zusammen, weil Antje wieder leiden musste, und ich konnte mir nicht erklären, welche Ursache ihr erneutes Unwohlsein hatte.

Bei meinen täglichen Besuchen bemühte ich mich, ihr Nahrung zuzuführen, weil sie immer noch an starkem Untergewicht litt. Immer wieder fragte ich mich, wie ich es schaffen könnte, dass die Kleine zu Kräften käme. Nach zwei schier endlosen Wochen konnten wir sie dann nach Hause holen. Bis heute weiß ich nicht, ob sie damals wirklich gesund entlassen wurde. Das Fieber war zwar überwunden, doch schien sie immer noch sehr mitgenommen, zart und empfindlich. Die Kraft, auf die Beine zu kommen, fehlte ihr nach wie vor, aber irgendwie schafften wir es durch viel Pflege und unsere liebevolle Zuwendung, dass sie über den Berg kam. Ich hatte allen Grund, nach vorn zu blicken!

Heiko lernte erstaunlich schnell mit den Besonderheiten seiner kleinen Schwester umzugehen. Er war geduldig mit ihr, schob ohne jegliche Vorbehalte Antje im Kinderwagen durch unser Wohngebiet und versuchte, ihr spielerisch viele alltägliche Dinge beizubringen. Er hatte keine Hemmungen, sie an- und auszuziehen, mit ihr das Händewaschen zu trainieren oder ihr das Zähneputzen beizubringen. Er verteidigte Antje, wenn wir in seinen Augen zu viel von der Kleinen verlangten und ergriff immer für sie Partei.

Er lernte durch seine behinderte Schwester, dass es eben nicht nur gesunde Menschen gibt. Dieses Hintergrundwissen hatte er seinen gleichaltrigen Mitschülern und Freunden voraus; es formte ihn, machte ihn aber auch nachdenklicher und ernster. Umso mehr war er erschüttert, als man ihm in der Schule abfällige Reden entgegenwarf: »Heikos Schwester ist behindert!« musste er sich immer wieder anhören. Tief getroffen kam er eines Tages weinend aus der Schule und erzählte mir von diesen Hänseleien. Ich nahm ihn zur Seite und versprach ihm, in seine Klasse zu kommen, um selbst mit seinen Klassenkameraden zu sprechen. Es war keine leichte Angelegenheit für mich, aber sie musste angepackt werden. Mir war klar, dass ich Heiko vor solchen »Angriffen« zu schützen hatte und stand eines Tages plötzlich ohne Ankündigung vor den zwölfjährigen Kindern. Mir gelang es, dass alle spöttischen Bemerkungen von nun an unterblieben – unterstützt auch durch die Tatsache, dass Heiko in der Schule zu den besten Schülern in der Klasse zählte.

# 17.

Antje war zu dieser Zeit immer noch ein Krippenkind und wurde bald wieder »krippenfähig« geschrieben, so dass ich arbeiten gehen konnte. Ohne ärztliche Bescheinigung wurde kein Kleinkind in einer Krippe betreut, da die Ansteckungsgefahr für die anderen Kinder zu hoch war.

Mehr und mehr prägte sich Antjes soziales Verhalten aus. Sie wurde zunehmend kontaktfreudiger und war sichtlich glücklich, wenn andere Kinder auf sie zukamen. Sie spielte aber auch brav allein und zeigte schnell, was sie wollte und was ihr nicht behagte. Nach kurzem Krippenaufenthalt bekam sie dann auch noch die Windpocken, und dann, weil es wohl immer noch nicht genug war, die Röteln.

Wenige Wochen vor ihrem vierten Geburtstag begann Antje, die Mahlzeiten selbständig mit dem Löffel zu essen. Sie machte durch Nicken oder Kopfschütteln deutlich, ob sie essen oder trinken wollte, und ich erreichte es schließlich, sie mit genau eingehaltenen Zeiten zur Sauberkeit zu erziehen. In ihrem Spielverhalten beobachtete ich, dass sie in sich versunken mit Gegenständen spielte, d. h. diese aufmerksam betrachtete und dann nach kurzer Zeit umherwarf. Das erschreckte mich und missfiel mir sehr, und ich redete auf sie ein. Antje schaffte es nicht, die Bausteine in den Kasten zurückzulegen, und ich stellte einen Korb hin, um alle umhergeworfenen Spielsachen einzusammeln. Sie hatte offensichtlich Spaß daran und begann von vorn.

## 18.

Bald bemerkte ich, dass sich Antje an verschiedenen Gegenständen, wie zum Beispiel einer Stuhllehne, hochziehen konnte. Mit Festhalten wanderte sie von einem Ort zum anderen, ohne jemals auch nur für kurze Zeit die Haltepunkte loszulassen. Dabei suchte sie nach immer neuen Möglichkeiten, um dorthin zu gelangen, wo sie einen für sich interessanten Gegenstand entdeckte. Ich betrachtete das als enormen Fortschritt und wartete sehnsüchtig darauf, dass sie es schaffte, ganz allein zu laufen. »Es ist jetzt an der Zeit«, dachte ich, denn Antje hatte etwas an Gewicht zugenommen, und es fiel mir nicht mehr so leicht, sie längere Zeit auf dem Arm zu tragen. In der Arztsprechstunde hörte ich: »Haben Sie Geduld, diese Kinder kommen zum Laufen!« Das machte mir Mut.

Plötzlich war es dann ganz überraschend so weit: Ich verfolgte ihre ersten Schritte im November 1985. Unsicher und tapsig bewegte sie sich vorwärts, fand aber bald Gefallen daran, weil sie jetzt schneller ihre eigenen Ziele erreichen konnte. Ich rief: »Antje läuft!« Völlig überrascht betrachteten wir, was sie vollbrachte. Mir stiegen Tränen der Freude in die Augen. Ich hob sie hoch und gab ihr unzählige Dankesküsschen! Endlich laufen – mir fiel ein Stein vom Herzen!

Jeden Tag gewann sie nun mehr an Sicherheit und begann, ihr Umfeld zu erobern. Auch in der Krabbelgruppe fühlte sie sich jetzt wohler, denn sie lernte, sich den anderen Kindern gegenüber zu behaupten und zu wehren. Schon ein halbes Jahr nach den ersten Schritten bewältigte sie die hauseigene Treppe und ging am Geländer hinauf und hinunter.

Sie übte diese Strecke regelrecht und erreichte jetzt problemlos das Obergeschoss. Nun war ich in großem Maße aufmerksam, damit sie nicht von der Treppe hinabstürzte. Schelmisch lachte sie von oben auf uns unten Stehende herab und freute sich, wenn wir ihren Spaß begleiteten. Ihr Zimmer befand sich im ersten Obergeschoss, wodurch sich die räumliche Trennung zu Küche und Wohnzimmer ergab, in denen wir uns aufhielten, wenn Antje schlafen sollte. Niemals kam sie zur Ruhe, wenn sie nicht das Gefühl hatte, Kontakt zu uns zu haben.

Mehrfach kletterte sie ganz leise die Treppe hoch und runter, wobei sie sich am Geländer festhielt, sodass wir sie nicht sofort bemerkten. »Du sollst doch schlafen!«, redeten wir auf sie ein.
Doch erst mit den vertrauten Geräuschen und Stimmen »im Hintergrund« kam sie langsam zur Ruhe und schlief ein. Deshalb ließen wir ihre Zimmertür stets angelehnt und konnten dieses Ritual später nie mehr ändern, egal, wo wir uns mit ihr aufhielten. Es wurde zu einem Brauch, ohne den es nicht ging. Gleiches galt für die kleine Lampe, die wir jeden Abend in ihrem Zimmer brennen ließen, um ihr die Angst vor der Dunkelheit zu nehmen. Antje stand so lange wieder auf, bis diese Gepflogenheiten nicht auch tatsächlich hergestellt waren.

## 19.

Der Aufenthalt in der Tageskrippe wurde in Antjes fünftem Lebensjahr erneut sehr häufig durch fieberhafte Infekte und mehrfache Bronchitis unterbrochen. Ihr Körper wurde immer wieder aufs Neue geschwächt. Vitamingaben verhalfen ihr, wieder zu Kräften zu kommen; die ständige Pflege war unser Alltag, und natürlich waren Wärme und Geborgenheit für ihr Gedeihen wichtig. Ich sah und spürte die Empfindlichkeiten meines Kindes, war durch Antje in ständiger Bewegung und fiel abends erschöpft ins Bett.

Am 1. April 1986 begann für Antje ein neuer Lebensabschnitt. Mit nur dreizehn Kilogramm Gewicht und kaum einem Meter Größe wurde sie in den Sonderkindergarten in unserem Ort aufgenommen. Es handelte sich um die Nachfolgeeinrichtung der Tageskrippe. Der Wechsel kam für uns recht überraschend, und auch Antje brauchte längere Zeit, sich einzugewöhnen und Kontakt zu den »neuen« Kindern herzustellen. Im Gruppenplan tauchte der Begriff »Zielgerichtete Einzelförderung« auf, und es wurde aufgelistet, was mit Antje in welcher Zeit erreicht werden sollte. Hier galten außerdem ein »ausgeklügelter« Gruppenplan, festgesetzte Zeiten und Tagesrhythmen beim Essen und bei verschiedenen Beschäftigungen. Trotz vieler Regeln und Vorschriften ging Antje gern in diesen Kindergarten.

Regelmäßig wertete man mit mir die Entwicklung meines Kindes aus. Bei Antje ging es in ganz kleinen Schritten langsam voran. Sie lernte, sich an- und auszuziehen und zeigte jetzt, wenn sie aufs Töpfchen musste, was aber nicht immer zur rechten Zeit gelang. Sie begann auch langsam damit, einzelne Wörter wie Ball – Puppe – Papa – ti (für Mutti) – Opa – wau-wau – to (für Heiko und Auto) nachzusprechen.

Dieser Sonderkindergarten befand sich in einem älteren Haus stadteinwärts. Ich setzte Antje in das Fahrradkörbchen und radelte mit ihr frühmorgens vor der Schule in den Kindergarten. Ihr Blick war zu mir gerichtet, wodurch ich mit ihr sprechen konnte, und ich drückte ihr beim Fahren ein Küsschen auf das kleine Gesicht. »Mutti holt dich mittags ab!«, sagte ich oft zu ihr. Sie war beruhigt und registrierte mein Versprechen genau. »Mutti ab«, antwortete sie, und ich wusste, dass sie damit auch hoffte, dem obligatorischen Mittagsschlaf zu entrinnen. Im Flur bekam ich meist einen kurzen Tagesbericht von der Gruppenleiterin und dabei häufig zu hören, dass es immer noch nicht mit dem Saubersein geklappt hatte. Des Öfteren bekam ich gesagt, was ich tun konnte, um dieses und jenes bei ihr zu verändern. Ich war bemüht, Antje so oft wie möglich »Mittagskind« sein zu lassen und ohne Umwege fuhren Antje und ich nach Hause. Glücklich kehrte sie mit mir heim und freute sich, dass sie im Zimmer oder Garten spielen konnte und mich in ihrer Nähe wusste.

Die Wahrnehmung ihrer Umwelt spiegelte sich sehr genau in Antjes rührenden Rollenspielen mit ihrer Puppe wider. Es setzte eine Phase ein, die sie lange eine liebe Puppenmutti sein ließ. Der Feierabend war meist prall mit Beschäftigungen, Gymnastik, Pflege und Zuwendung gefüllt.

Ich werde nie vergessen, dass Heiko uns eine große Stütze war und seine Schwester ohne Widerspruch betreute, wenn ich etwas zu erledigen hatte. Zweifelsohne war er vom Schicksal mit betroffen, aber wir sorgten dafür, dass er neben seinen schulischen Verpflichtungen der Musik und sportlichen Betätigungen nachgehen konnte, und das auf beiden Gebieten sehr erfolgreich.

# 20.

Schon kurz nach Aufnahme in den Sonderkindergarten wollte ich wissen, welche Perspektiven mein Kind mit seiner Behinderung hatte. Ich bildete mir aufgrund meiner Stellung als Lehrerin ein, dass Antje mit Down-Syndrom in eine Schule gehen könnte. Deshalb wurde ich bei der so genannten Hilfsschule, einer Schule für lernbehinderte Kinder, vorstellig, da es in der DDR keine Schulen für geistig Behinderte gab. Mein Betteln um Aufnahme war zwecklos. Es gab keine Ausnahme. »Geistig Behinderte kommen nicht in die Schule. Keine Chance, Frau R.«, hörte ich den Schuldirektor sagen. Enttäuscht und mutlos zog ich mich zurück und wusste, dass es für Antje nur das hässliche Barackengebäude der Tagesstätte für geistig Behinderte gäbe, wenn sie eines Tages den Kindergarten verlassen würde. Das bedrückte mich, aber ich konnte einfach nichts dagegen tun. Eine Schule für Antje, das war nur ein Traum.

Doch das Problem löste sich bald ganz anders. Das Schicksal führte uns nach W. in eine diakonische Behinderteneinrichtung. Den Leiter dieser Einrichtung hatte ich auf einem christlichen Seminar kennen gelernt, das die Bundesvereinigung der Lebenshilfe Marburg in Kooperation mit den kirchlichen Einrichtungen in der ehemaligen DDR, in Herrnhuth 1987, durchführte. Dort hatte ich wiederholt direkten Kontakt zu geistig behinderten Menschen, die unter sehr schlechten Bedingungen in dortigen diakonischen Anstalten untergebracht waren. Mich überkam ein Schauer, als ich die Zustände sah, sowie eine enorme Traurigkeit, als ich an mein eigenes Kind dachte. Ich sah Heime, in denen man das Gefühl hatte, dass Behinderte keine Persönlichkeiten waren mit Herz und Gefühlen. Manche wurden ans Bett gefesselt und schrien wie Tiere. Ich wusste nicht, wie man mit der Belastung leben konnte, keine Perspektive für sein Kind zu haben.

Pfarrer K. und ich kamen während der Tagung ins Gespräch, und ich erzählte ihm von Antje. Er sagte zu mir: »Wir würden uns freuen, für Ilka eine Spielgefährtin zu finden. Es wäre schön, wenn da noch ein kleines Mädchen mit Down-Syndrom bei uns wäre. Ilka ist so allein.

Sie ist die Kleinste bei uns. Überlegen Sie sich das und kommen Sie uns doch mal mit Antje besuchen!«

In unserer Familie kam es zu einer kleinen Krise. Wir überlegten verzweifelt, ob Antje im Anschluss an den Kindergarten nach W. oder in die Tagesstätte in unserem Ort gehen sollte. Wir wechselten unsere Meinung jeden Tag und schauten auf Antje. Ich wusste, dass ich Entlastung hätte, wenn sie betreut würde. Aber ob ich überhaupt Ruhe finden könnte ohne Antje, beschäftigte mich so, dass mir der Kopf förmlich wehtat.

Ich sah Behindertengruppen der hiesigen Tagesstätte an meinem Fenster vorüberziehen, da die Einrichtung für nur geistig Behinderte nahe unseres Hauses lag. Ich wusste, dass Antje nie in eine Schule gehen würde, und mein Beruf half mir in dieser Situation auch nicht, dahingehend etwas für sie zu erreichen. Ich rang mit mir, wie ich die richtige Entscheidung für Antjes weiteren Weg finden sollte, und mein Grübeln brachte mir viele schlaflose Nächte ein. Die Tagesstätte mit wenig Kooperation und Innovation vor Ort oder die Dauereinrichtung, die neunzig Kilometer von unserem Wohnort entfernt lag? Beide Optionen waren nicht wirklich optimal, und die Entscheidungsfindung bedrückte uns über Wochen. Natürlich machten wir uns auf den Weg, die Einrichtung in W., die einen guten Ruf in der DDR hatte, persönlich kennen zu lernen.

Der Vorsitzende, Pastor K., den ich ja bereits kannte, führte unsere ganze Familie durch »seine« Einrichtung. Hier wurden ca. einhundert behinderte Kinder, Jugendliche und Erwachsene betreut. Er kannte sie alle mit Vornamen, vorbehaltlos kamen sie auf ihn zu, und er hatte für jeden ein paar liebevolle Worte. Das weckte ein großes Vertrauen in uns. Beim Anblick der mehrfach schwerstbehinderten Menschen krampfte sich mein Herz vor Mitleid zusammen, und ich musste die Eindrücke verarbeiten. Das Schwesternpersonal erschien uns als sehr aufgeschlossen, und wir machten zur Bedingung, dass Antje jederzeit nach Hause geholt werden durfte, also mindestens im vierzehntägigen Rhythmus und entschieden uns, Antje in W. unterzubringen.

# 21.

Da man uns in punkto Heimfahrten vollkommene Selbstbestimmung gewährte, wurde Antje am 2. Januar 1988 in W. aufgenommen. Schweren Herzens und voller Unruhe brachten wir sie in ihr neues Zuhause. In unserem Koffer befand sich Antjes Bettzeug, neue Kleidung und ihr Lieblingsspielzeug. Wie mit der Heimleitung zuvor besprochen, durften wir Antje nach Hause holen, wann immer wir konnten. Das machte die Situation für uns alle einigermaßen erträglich, und mein Gewissen wurde etwas entlastet. Nun setzten ständige Fahrten von und zur Einrichtung ein, und wie es Pfarrer K. bereits vorausgesagt hatte, schloss Antje Ilka bald in ihr Herz. Sie gab wenig später ihrer Puppe den gleichen Namen und ging ohne diese nicht mehr aus dem Haus.

Unartikuliert erzählte Antje uns ihre Erlebnisse. Durch den regelmäßigen häuslichen Kontakt war Antje Ilka im Sprechen und Sprachverständnis voraus, aber Ilka war körperlich kräftiger und widerstandsfähiger. Beide waren die Liebe in Person, und so wurden sie schnell Freundinnen, ergänzten sich gut und wirkten wie Geschwister.

Es gab jährliche Sommerfeste mit Angehörigen, Geburtstags- und Weihnachtsfeiern und für die Betreuten regelmäßige Sonntagsgottesdienste in der hauseigenen Kapelle. Antje hatte viel Freude, weil das Schwesternpersonal für musikalische Unterhaltung mit Gesang und Tanz sorgte, was sich positiv auf alle Bewohner der Einrichtung auswirkte.

Antje machte sichtlich kleine Fortschritte in ihrer Entwicklung, und Ilka wurde eine wirklich gute Spielgefährtin. Aber die unwiderstehlichen Reglements und Vorschriften bedrückten mich immer mehr. Die Unruhe quälte mich täglich, und ich war mir plötzlich nicht sicher, ob meinem Kind ausreichende Pflege und Fürsorge zuteil wurde. Jede mögliche Zeit weilte Antje bei uns zu Hause. Ich wendete viel Zeit auf, sie zu baden, zu pflegen und sich ausruhen zu lassen, um sie wieder »fit« zurückzubringen, und nie machte sie es uns schwer, wenn wir uns verabschiedeten. Sie weinte nicht und

wusste genau, dass wir telefonieren und sie bald wieder abholen würden.

Heute weiß ich natürlich, dass der Heimaufenthalt Antjes Entwicklung beeinträchtigte, dass die Zuwendung im Heim für mein Kind nicht ausreichte und ihre Sehnsucht nach Zuhause groß war, denn auch eine noch so gute Einrichtung konnte das familiäre Umfeld nicht ersetzen. Die anderen Kinder der Station sahen uns traurig nach, wenn wir mit Antje ins Auto stiegen. Sie wären so gern mitgefahren! Doch konnten wir die Kinder aus Verantwortung und Sicherheit nicht mit nach Hause nehmen, da wir befürchteten, sie auch emotional zu belasten.

Während des Aufenthalts in dieser Einrichtung erlebten wir zusammen mit den Bewohnern einen beeindruckenden Adventssonntag. Heiko fuhr spontan mit uns mit und nahm seine Gitarre, um zur besonderen Freude von Antje für alle in der Gruppe weihnachtliche Lieder zu spielen und mit ihnen zu singen. Auf musikalische Weise wurden alle behinderten Bewohner erreicht und als Dank schüttelten sie oft Heikos Hände und drückten ihn fest. Antje war ganz stolz auf ihren Bruder und sagte von nun an »mei Buhler«, und er erreichte oft bei seiner Schwester mehr als wir. Antje hatte ihren Heiko besonders fest in ihr Herz geschlossen. Deshalb nutzten wir seine Vorteilsstellung und sagten oft zu ihm: »Heiko, bring du Antje ins Bett, dann schläft sie schneller ein.« Und so war es dann auch immer. Sie tat, was er sagte, war beruhigt und glücklich zugleich.

In meiner schulischen Tätigkeit war ich voll ausgelastet. Es gab nachmittags häufig Veranstaltungen, Konferenzen, Elternbesuche, Fortbildungen oder schulische Verpflichtungen. Mir war auch bewusst, dass ich im Alltag ein behindertes Kind und einen anspruchsvollen Beruf nicht gut miteinander in Einklang bringen konnte. Die Gedanken an mein hilfsbedürftiges Kind ließen mich jedoch niemals los. Ich war ständig besorgt, wusste aber auch, dass Antje in der Tageseinrichtung vor Ort keine bessere Zukunft gehabt hätte. Dennoch kann ich mir heute den Schritt der Heimaufnahme nicht verzeihen, obwohl ich damals glaubte, dass sie eine gute Familienlösung sei und Antje Spielgefährten und Beschäftigungszeiten hätte.

So verging die Zeit mit viel Fahrerei im fast gleichmäßigen Rhythmus. Antje ertrug voller Geduld diese Autotouren und beschäftigte sich immer lieb und artig auf dem Rücksitz, bis wir endlich zu Hause waren. Wir nahmen an allen Jahresfesten und Veranstaltungen teil und lernten auf diese Weise die anderen Eltern kennen. Antje lief uns jedes Mal freudestrahlend entgegen, wenn wir kamen, und kuschelte sich an uns. Wie wichtig es für sie war, dass Mutti und Papa da waren! Ich drückte sie fest, und oft liefen mir Tränen übers Gesicht.

Antje feierte jetzt ihren zehnten Geburtstag, den wir zu Hause verlebten. Voller Freude wickelte sie ihr Geschenk aus und strahlte über den »Kiddy«-Kassettenrekorder. Er hatte stabile Kopfhörer und war ein sehr robustes Gerät. Ich staunte nicht schlecht, wie schnell meine Kleine es bedienen konnte. Über Musik war Antje so gut zu motivieren, und alle musikalischen Darbietungen forderten ihre Aktivitäten heraus. Sie sang und tanzte mit und lenkte so die Aufmerksamkeit auf sich. Antje wechselte unaufhörlich die Kassetten und war begeistert, die Musik in Gang zu setzen.

# 22.

Mein größter Wunsch wurde dank der Wiedervereinigung unseres Landes nun doch noch Wirklichkeit: Festlich gekleidet und mit großer Zuckertüte in der Hand kam Antje am 1. September 1991 in die Schule, gemeinsam mit Ilka und den anderen schulpflichtigen Kindern des Heimes. Endlich Schule für unsere geistig behinderten Kinder! Eine ehemalige Tagesstätte in W., nahe der diakonischen Einrichtung, in der Antje und Ilka wohnten, wurde zu einer Schule umgebaut. Engagierte Lehrerinnen und Erzieherinnen bemühten sich liebevoll um die Kinder. Mich erfüllte eine innere Genugtuung, dass Antje nun die »Schule für geistig Behinderte« besuchen durfte. An der Einschulung konnte jedoch nur der Papa teilnehmen, da ich selbst meinen dienstlichen Verpflichtungen nachkommen musste. Diesen Tag, wie auch noch andere schulische Höhepunkte, erlebte ich deshalb leider nicht mit Antje, worüber ich traurig war.

Ein neuer Abschnitt begann! Antje war glücklich und strahlte. Stolz trugen die Kinder ihre Mäppchen, spielten, lernten und erfuhren endlich eine individuelle Förderung. Das Wissen darum machte mich glücklich, und in Abständen konsultierte ich die Lehrerin persönlich, um zu hören, wie mein Kind den Schulalltag bewältigte. Antje suchte schnell den Kontakt zu ihrer Lehrerin und der Erzieherin und wurde mit Ilka ein Liebling in der Gruppe. »Antje ist ganz lieb, fügt sich gut ein, ist kontaktfreudig und erledigt, was man von ihr will«, hörte ich immer. Mit viel Engagement und Einfühlungsvermögen führte die Lehrerin die ihr anvertrauten Kinder und hatte großen Anteil an ihrem Werdegang. Antje wurde mit dem Schuleintritt immer aufgeschlossener Personen und Dingen gegenüber, mit denen sie zu tun hatte.

# 23.

Ihre ersten Schulferien im Herbst, verbrachte Antje bei uns zu Hause. Ich kämpfte in dieser Zeit darum, in einer speziellen Kinderkardiologie mit Antje vorstellig zu werden, um die Frage einer möglichen Herzoperation abzuklären. Schließlich hatten wir ja jetzt die Chance der freien Arztwahl, und die Krankenkasse willigte ein, so dass ich mit Antje in das Universitätsklinikum Tübingen fahren konnte. Es war eine anstrengende und weite Fahrt. Antje streckte sich auf der Rückbank im Auto, und nachts kamen wir nahe unseres Zieles bei Freunden an. Am nächsten Morgen fuhren wir in das bekannte Kinderherzzentrum der Universität. Ich war aufgeregt und dachte bei mir: »Ob bei Antje was zu machen ist?« Ein ganzes Ärzteteam führte die Untersuchung gründlich durch, und der Befund war derart niederschmetternd, dass es mir die Sprache verschlug. »Nur wenn Sie es unbedingt wollen, operieren wir. Aber das Risiko ist enorm hoch, und Sie müssen damit rechnen, dass wir keinen Erfolg haben ...«

Über alle Maßen geschockt verließ ich die Klinik und wollte es auf keinen Fall in Kauf nehmen, dass mein Kind eine Operation mit seinem Leben bezahlen musste! Die Diagnose des Professors war so ernst gewesen, dass ich sie zunächst gar nicht glauben und akzeptieren konnte. »Das kann doch nicht wahr sein«, schoss es durch meinen Kopf, und ich herzte Antje so, als müsste ich sie zurücklassen.

Wir traten unseren langen Heimweg an. Antje schlief wieder auf der Rückbank oder spielte mit der Puppe. Sie sah nicht, wie sich mein Blick durch unzählige Tränen verschleierte. »Was bedeutet diese Diagnose? Wie geht es weiter?«, so fragte ich mich immer wieder. Ich hatte Angst um die Zukunft meines Kindes. Die Lebenserwartung wurde mit der Aussage des Arztes begrenzt. Dieser Sachverhalt war unerträglich.

Die restliche Ferienzeit sammelten wir mit großem Vergnügen bunte Blätter, raschelten mit den Füßen im Laub, gingen spazieren oder fuhren mit dem Auto irgendwohin. Wichtig war immer, dass Mutti und Papa da waren. Bei all unseren Unternehmungen packte Antje ihre kleine Umhängetasche, die zunächst rot, später blau lackiert war, niemals aber gab sie ihre Tasche aus der Hand. Sie wurde zum ständigen Begleiter für mein Kind.

Ich freute mich und war erstaunt, mit welchem Enthusiasmus Antje kleine Klettertouren wagte. Auf jedem Spielplatz, auf dem sich eine Rutsche befand, brachte sie die anderen Kinder zur Verzweiflung. Sie harrte lange Zeit am Rutschenrand aus und legte meist den Rückzug ein oder ließ sich von uns herunterholen. Das Verhalten wiederholte sich sehr häufig, dennoch versuchte es Antje immer wieder von neuem. Wie schön, dass so viele Kinder mit ihr Geduld hatten! Wir erlebten oft bei der Begegnung mit Kindern, dass diese Antje vorbehaltlos gegenübertraten und sie mit in ihr Spiel einbezogen. Ich merkte manchmal die aufmerksamen Blicke der Kinder, denen Antjes anderes Aussehen auffiel. Im Gegensatz zu manchen Erwachsenen, die uns anstarrten und hinter uns hersahen, steckten Kinder diese Tatsache aber schnell weg.

Antje war durch das Moped ihres Bruders insbesondere von Motorrädern fasziniert. Sie scheute sich nie, direkt auf Motorradfahrer, zumeist Jugendliche, zuzugehen und ihr Interesse zu zeigen. »Antje, komm bitte«, rief ich ihr zu, aber sie reagierte gar nicht. »Die Kleine stört uns nicht, darf sie ein Stück mitfahren?«, sagte einmal einer der Jugendlichen einer ganzen Gruppe von Motorradfahrern. Antje war glücklich, als sie auf den Sozius gesetzt wurde. Sie hielt sich am Ledergürtel und der Taille des Fahrers fest, der ganz langsam mit ihr anfuhr. Da nahm ich Antjes schelmisches Lachen wahr, das enormes Glück und Freude zum Ausdruck brachte. Sie war nur mit anderen Verlockungen weiter zu bewegen, und ich hatte Mühe, sie endlich wieder an der Hand zu haben.

Toll blitzende Maschinen mit lauten Motorgeräuschen fesselten Antje immer wieder, wenn wir ihnen begegneten. Statt eines Mopeds kauften wir Antje einen Roller. Nur kurzzeitig bewegte sie den kleinen Holzroller, der für dreijährige Kinder geeignet war. Lange Zeit schob sie ihn, lernte dann aber doch, sich mit einem Bein abzustoßen. Sie bekam zu ihrem sechsten Geburtstag einen luftbereiften Roller, auf dem vorn im Körbchen am Lenker ihre Lieblingspuppe saß. Oft genoss sie, wenn ihr Bruder sie durch den Garten rollerte. Da wurden ihre Worte »Antje faul« geboren, die sie für alle ihre Untätigkeiten immer aufs Neue in den Mund nahm. Das Verhalten passte gut zu ihrer behinderungsbedingten Passivität, die für Down-Syndrom-Menschen typisch ist.

Wie gut, dass wir ständig versuchten, sie zu motivieren und anzuregen, ihre Umwelt zu entdecken. Daran hatte unser Sohn einen großen Anteil.

Als er mit achtzehn Jahren aus dem Haus ging, fehlte ein gewohnter und lieb gewonnener Spielgefährte. Von nun an kam Heiko besuchsweise nach Hause. Immer lief sie ihm jubelnd entgegen, und dann gehörte die Zeit fast beiden allein.

# 24.

Gleich nach der Wende in unserem Land wollte ich durch meine eigene Betroffenheit in die Sonderpädagogik wechseln. Ich war zuerst für ein Jahr an einer Hilfsschule tätig und kam dann durch eine Bewerbung in den Geistigbehindertenbereich, die frühere Tagesstätte in unserem Wohnort. Man hatte diese zu einer Schule umfunktioniert, allerdings verfügten die Lehrkräfte über keine sonderpädagogische Ausbildung. Die zwischenmenschlichen Konflikte im Zuge der Umstrukturierung sowie die fehlenden Chancen auf eine zusätzliche Ausbildung vor Ort ließen es nicht zu, dass ich dort auf Dauer tätig bleiben konnte.

Der Januar 1992 brachte nach einer schönen, gemeinsamen Weihnachtszeit gravierende Veränderungen für unsere Familie: Ich hatte mich in eigenem Engagement an einer Privatschule für geistig behinderte Kinder im Nachbarbundesland beworben und wurde dort eingestellt. Der neue Arbeitsort bedeutete aber zugleich auch einen neuen Wohnort für mich, und ich bezog in C. ein kleines Appartement. Damit begann eine unruhige Zeit für unsere Familie. Jedes Wochenende fuhr ich in die »Heimat«. Nach langen Fahrtstrecken und Umwegen über W. wollte ich gemeinsam mit meiner Familie zu Hause in D. sein. Die »Transporte« mit Antje wurden strapaziös, und umso mehr freuten wir uns auf längere Ferienzeiten und auf gemeinsamen Urlaub.

Im Sommer 1992 erhielt Antje ihr erstes Zeugnis. Ein Zeugnis, das sie ansprach und ihr sagte, was sie alles erreicht hatte. Ich war ungemein stolz, darin nur Positives zu lesen.

Schule für geistig Behinderte, Wolmirstedt
Name der Schule/Schulort

**Sachsen-Anhalt**

# Jahreszeugnis

Bezeichnung der Schulform Schule für geistig Behinderte

Schuljahr 1991/92 Schulstufe Eingangsstufe

Vorname und Familienname des Schülers Antje Richtzenhain

geboren am 27.08.1981 in

Versäumte Tage: 25, davon unentschuldigt 0

Ort, Datum Wolmirstedt, 17.07.92

W. Wolff
Schulleiter/in

SCHULE FÜR GEISTIG BEHINDERTE
Ohrestraße 02
O-3210 Wolmirstedt
Schulstempel

Chr. Wellnitz
Klassenleiter/in

Kenntnis genommen:
Unterschrift eines Erziehungsberechtigten

bsn Verlags- und Vertriebs-GmbH
Geschwister-Scholl-Straße 34
O-7590 Spremberg
Bestell-Nr.: 506 26, Jahreszeugnis Schule für Geistigbehinderte
copyright bsn consulting

Aussagen zu Lernfortschritten und zum Sozialverhalten

Liebe Antje!

Das Spielen und Lernen in unserer Klasse macht Dir viel Spaß, denn Du kommst fröhlich in die Schule. Gegenüber Deinen Mitschülern, Lehrern und Erziehern bist Du freundlich, hilfsbereit und aufgeschlossen. Besonders gern lernst Du im Morgenkreis. Lieder, Tänze und Spiele kennst Du und die Geschichten mit dem Kasper erzählst Du teilweise nach. Im Unterricht arbeitest Du freudig. Farben kennst Du sicher und weißt wie ein Dreieck und ein Viereck aussehen. Mit den Mengen 1, 2 und 3 kannst Du umgehen und die Zahl 1 ist Dir bekannt. Unterschiede oder Gleichheit von Größen und Mengen stellst Du schnell fest. Neue Wörter hast Du dazu gelernt und Du übst sie fleißig, indem Du versuchst sie langsam und deutlich zu sprechen. Bei den Schreibübungen möchtest Du manchmal Deine Absichten durchsetzen und bemalst das Blatt, aber wir haben ja noch viel Zeit, mit Dir zu üben. Wie wunderbar Du beobachtest, wenn wir Bücher ansehen oder spazieren gehen. Die Blumen, Vögel, Bäume und Tiere interessieren und erfreuen Dich. Lernaufträge verstehst Du gut, aber wenn Du nicht in Stimmung bist, müssen wir sie mit Nachdruck wiederholen. Wenn Du gelobt wirst, freust Du Dich und bist bereit, gut zu lernen.

Bemerkungen zum Schulbesuch im kommenden Schuljahr: Im kommenden Schuljahr kannst Du die Grundstufe unserer Schule besuchen.

Antje verkraftete die Fahrten von der Einrichtung nach Hause erstaunlich gut, weil sie sich freute, wenn wir alle zusammen die Zeit am Wochenende verbrachten. Dafür war ihr kein Preis zu hoch. Danach ging es zurück ins Heim, und die Sorge um das Mädchen ließ mich die ganze Woche nicht mehr los. Jedes Zurückbringen belastete mein Gewissen, ich fühlte mich schlecht und egoistisch, weil Antje die tägliche häusliche Wärme entbehren musste. An den Wochenenden schöpfte sie Kraft für die folgende Woche und entwickelte beim Abschied Vorfreude auf das nächste Mal, an dem wir wieder zusammen waren. Ich absolvierte mit ihr an den Wochenenden ein intensives Pflegeprogramm, um sie sauber und gepflegt in die Einrichtung zurückzubringen.

Wir durchlebten diese Phase als sehr kritisch, weil jeder von uns an einem anderen Ort lebte. Die Zusammenführung der Familie war recht kompliziert, und bald erschien uns dieses ewige Organisieren und Fahren als unerträglich. Ein Jahr nach meinem Ortswechsel ergab sich für meinen Mann ebenfalls eine berufliche Veränderung, und er nahm eine Tätigkeit in H., ganz in der Nähe meines Arbeitsplatzes, auf.

An den Wochenenden zog es uns jedoch weiterhin in unseren Heimatort. Dann stellte sich bald heraus, dass Antje wegen der zu großen Entfernung nicht in W. bleiben konnte. Schwer wurde der Abschied von einer vertraut gewordenen Umgebung, von Ilka und den anderen Klassenkameraden. Am letzten Tag fuhr ich nach W. Die Kinder in der Anfangsklasse nahmen Antje in den Arm, verabschiedeten sie mit Küssen und Liebkosungen, und ich sah, dass auch meine Kleine sehr traurig war. Doch ich wusste, dass mein Kind alles verschmerzte und akzeptierte, wenn ich eine Entscheidung traf. Antje ließ den Umzug geschehen und stellte sich auf die neue Situation schnell ein, indem sie ständig die Inhalte dessen nachplapperte, was ich ihr vorab erzählte. Dabei versuchte ich alles für sie positiv auszudrücken, damit sie keine Ängste aufbaute. Unser Abschied aus W. war damit endgültig.

# 25.

Da ich die »Lebenshilfe« mit ihren Einrichtungen und Mitarbeitern bereits in den Vorjahren als Gründungsmitglied und Vorsitzende der Elternvereinigung unserer Stadt kennen und schätzen gelernt hatte, glaubte ich, in dieser sehr gute Möglichkeiten für Antjes Entwicklung und Betreuung zu finden. So meldete ich sie in einem neu eingerichteten Kinderhaus der Lebenshilfe, das hundert Kilometer von unserem neuen Wohnort entfernt lag, an. Ich war für mein Kind sehr froh, einen Platz gerade bei der Lebenshilfe gefunden zu haben, denn es war ohnehin sehr schwierig gewesen, überhaupt eine Einrichtung für behinderte Kinder zu finden. In den alten Bundesländern waren vorrangig erwachsene behinderte Menschen in Wohnheimen untergebracht. Wir freuten uns über ein Einzelzimmer mit individueller Einrichtung für Antje in einer Villa mit Garten, das klang sehr viel versprechend. Wir bemühten uns, Antjes Zimmer persönlich zu gestalten, damit sie sich auch wirklich wohl fühlen konnte.

Die Realität enttäuschte mich aber schon nach kurzer Zeit. Wegen vieler neuer Schwierigkeiten, verbunden mit Sorgen um Antjes Gesundheit, Pflege, Kleidung und einer offenkundigen mangelnden Zuwendung, holten wir Antje auch aus dieser Einrichtung regelmäßig nach Hause. Es gab viele Reglements und Vorschriften, und wegen des großen Pflegeaufwandes für einige der betreuten Kinder hatte ich das Gefühl, dass mein Kind vieles allein machen sollte, obwohl es dazu nicht in der Lage war und Hilfe benötigte. Zu diesem Zeitpunkt kämpften wir ständig – über einige Jahre hinweg – gegen Antjes Schnupfen, der ihre Nase verklebte und bei Erkältung immer stärker wurde. Sie setzte ihn oft als ihre kleine Waffe ein, wenn etwas gegen ihren Willen geschah und wusste genau, dass man sich ihr dann zuwandte. Sie brauchte stets jemanden, der sich liebevoll um sie kümmerte, ihr Aufmerksamkeit schenkte und sie spüren ließ, wie wichtig sie war.

Es tat mir weh, wenn ich merkte, dass Antje gerügt wurde, weil sie wieder einmal die anderen Kinder ärgerte oder ihren Aggressionen durch kleine »Zerstörungen« Luft machte. Sie entwickelte langsam ihr Ego, und schließlich arbeitete sie daran, sich zu behaupten und durchzusetzen. Sie lernte schnell auszuprobieren, wie sie ihre Ziele erreichen konnte und wich ihrer Bezugsperson nicht von der Seite. Sie vermisste ihre Freundin Ilka sehr und wurde zunehmend verhaltensauffälliger. Dennoch machte sie neue Erfahrungen, suchte Kontakte und fand in der kleinen Gruppe ihre Freunde.

So allmählich stellte sich unsere Freizeit ganz auf die Bedürfnisse unseres Kindes ein. Immer mehr entwickelte sich unser Leben für Antje, die maßgeblich bestimmte, was wir unternahmen, wie wir Feste gestalteten, Freunde empfingen und unbewusst immer darauf drang, dass wir uns mit ihr beschäftigten. Obwohl wir uns sehr bemühten, schöne gemeinsame Stunden mit ihr zu verbringen, trugen wir die Last sorgenvoll in uns, dass Antje nach jedem Wochenende in die Kindereinrichtung zurück musste. Meine Gedanken wanderten oft zu meinem Kind und ließen mich nicht los.

# 26.

Das ständige Hin und Her mit ihr, das Wechselbad zwischen unserem Zuhause und der Kindereinrichtung, vertrug mein Kind auffallend schlecht. Der neuen Schule in H. mit den erhöhten Anforderungen war Antje nicht gewachsen. Aufgrund ihres Alters war sie in eine höhere Klasse als zuvor aufgenommen worden, doch war sie die kleinste, zarteste und offenbar auch die schwächste Schülerin der Klasse. Auf allen Gebieten war sie den anderen Kindern unterlegen. Lehrer und Erzieher bemühten sich, Antje entsprechende Lernangebote zu machen. Sie beklagten sich sehr über Verhaltensauffälligkeiten und kritisierten Antjes Verhältnis zu den anderen Kindern, weil sie diese kniff, schubste oder zur Seite stieß. Die ganztägige Betreuung und Überforderung mochten Gründe dafür sein.

Ich hingegen hatte das Gefühl, dass man bei meinem Kind an Lob sparte und sie als «Heimkind« an die Seite stellte. Mir schnürte es die Kehle zu, wenn man mir sagte, dass sie auf allen Gebieten in der schulischen Förderung hinter ihren Klassenkameraden zurücklag. Das »schwierige« Kind wurde von den Lehrern auf mich übertragen, und man verlangte von mir, zu erklären, warum es mit Antje solche Probleme gab. Ich empörte mich innerlich, denn ich hatte zu dem Zeitpunkt gar keinen Einfluss auf den Tagesverlauf und das Geschehen in der Schule. Dennoch fuhr ich, so oft ich konnte, hin, holte Antje ab und verbrachte den Nachmittag mit ihr.

Durch den späteren Wechsel der Klassenleitung freute ich mich zu erleben, dass Antje besser integriert und angenommen wurde. Sie nahm an allen Klassenveranstaltungen teil und machte schöne kleine Ausflüge mit denjenigen in der Klasse, die so genannte »Hauskinder« waren. Uns gelang es, an den meisten teilzunehmen. Sie sagte dann: «Papa dommt« und war glücklich. Sie dankte es ihrem Papa auf ihre Weise mit großer Herzlichkeit. In ihrem Verhalten in der Klasse blieb sie jedoch weiter auffällig und zeigte ihren Protest, dass sie nicht ständig bei uns war. Ich hatte für Antje keine andere Wahl. Ich konnte sie nicht allein zu Hause lassen, und mir blieb nichts übrig, als sie für eine bestimmte Zeit in andere Hände zu geben.

## 27.

Zu dem Zeitpunkt drückte mich auch meine eigene Situation sehr. Ich kam an die Grenzen meiner Belastung, da ich im Herbst 1992 begann, ein zweites Studium aufzunehmen, um wieder im öffentlichen Schuldienst tätig sein zu können. Durch meine Betroffenheit mit einem behinderten Kind und die ständige Auseinandersetzung mit der Problematik »Behinderung« hatte ich mir so viel Kompetenz angeeignet, dass ich mich für die Arbeit mit behinderten Kindern beruflich weiterhin entschieden hatte. Dafür war ein Abschluss als Sonderschullehrerin erforderlich.

Mit größten Kraftanstrengungen und einem enormen Zeitaufwand absolvierte ich bis zum Frühjahr 1995 an der Universität in H. meine komplette Ausbildung bis zum ersten Staatsexamen. Neben dem Studium stellte auch meine Tätigkeit, der ich vollbeschäftigt nachging, eine große Herausforderung dar. Mit meinem Wechsel in das andere Bundesland hatte ich als Lehrerin eine Anstellung in einer privaten Schule für geistig Behinderte. Zum ersten Mal war ich auch mit schwerstbehinderten Kindern konfrontiert. Ich machte viele neue Erfahrungen und glaubte zwischenzeitlich manchmal, dass es nicht weiterginge, da die Belastung für die Familie äußerst hoch war. Ich benötigte für die Ausbildung viel Kraft und saß meist bis weit nach Mitternacht über meinen Studienunterlagen, da der Tag bereits ausgefüllt war.

Antje kam in eine Phase, in der sie sehr aufgeschlossen war, sich allein zu beschäftigen. Sie begann verstärkt zu malen, zu schneiden, zu kleben und lernte aktiver als zuvor ihre Umwelt kennen. Sie probierte sich und alles Mögliche aus und ahmte nach, was man ihr vormachte. Wir bastelten, feierten, spielten und förderten Antje, so gut wir konnten. Sie erlangte ein gutes Sprachverständnis, wenngleich ihr Sprechvermögen sehr eingeschränkt blieb, so dass keiner – außer mein Mann und ich – ihre Worte verstehen konnte. Sie entwickelte eigene Ausdrücke wie Bort (Sport), moden (morgen), Okel (Onkel), Gagma (Dagmar), Fahlear (Fahrrad), Burstag (Geburtstag), gillen (grillen), Mu (Mund), Afesine (Apfelsine), Kakalog (Katalog), Banahe (Banane), Erber (Erdbeere), Holich (Honig), Dubcha (Ketchup), mühe (müde) – um nur einige zu benennen. In der Familie hatten wir uns an ihre Redensart gewöhnt, und die meisten dieser Ausdrücke behielt sie all die Jahre bei.

Mit großer Kraftanstrengung konzentrierte ich mich auf mein Studium. Ich wusste, dass noch eine große Etappe zu bewältigen war. Fürsorglich widmete sich mehr der Vater dem Kind, nahm mir Antje ab, um mir freie Zeit zu verschaffen, damit ich ungestört studieren konnte. Er unternahm viele Ausflüge, spielte mit Antje oder ging einfach nur mit ihr spazieren, was sie bereitwillig und gern mit ihrem Papa machte.

Ich war oft drauf und dran zu kapitulieren, weil mein Alltag mich überforderte, besonders als man mir nach fast zwanzig Dienstjahren noch auferlegte, das Referendariat für das Lehramt anzutreten. Ich war so stark gefordert, dass ich für nichts als die vielen Stundenvorbereitungen Zeit hatte.

# 28.

Um mit Antje gemeinsame und erlebnisreiche Stunden zu verbringen, nutzten wir Feiertage, Ferien oder verlängerte Wochenenden, an denen keine Schule stattfand. Meistens mieteten wir für die gemeinsame Zeit eine Ferienwohnung, die in Antjes Sprache in »Hostel« (Hotel) verwandelt wurde.

Antje war jetzt zu allen Unternehmungen bereit. Sie kletterte wie ein Kleinkind gern auf Mauern, baute im Sandkasten Burgen, schaukelte mit Vorliebe auf dem Spielplatz oder juchzte vor Freude, wenn wir beide auf der Wippe saßen und ich sie aus der Luft anlachte.

Sie fuhr leidenschaftlich gern Karussell, und immer wieder besetzte sie den für sie »sichersten« Sitz, das Feuerwehrauto. Es war ihr völlig egal, dass sie dafür eigentlich schon zu groß war. Sie saß aufrecht und freudig auf einem der Vehikel und strahlte uns bei jeder Runde an. Und wenn wir an manchen Urlaubstagen einfach nur im Park spazieren gingen, führte unser Weg bald zu einer Bank. Oftmals begegneten uns Kurgäste oder Spaziergänger, die lächelten, weil Antje mich mit Vorliebe frisierte und es ihr nicht in den Sinn kam, ihr »Hobby« wegen der Passanten zu unterbrechen.

In jedem größeren Einkaufszentrum setzte Antje ihren Fuß voller Freude immer wieder auf die Rolltreppe, hatte dann jedoch Angst, nach unten zu fahren. Es war jedes Mal ein kleines Schauspiel: »Antje, komm bitte!«, rief ich ihr von unten zu, aber sie zögerte, versperrte die Rolltreppe, bis nette Leute sie an die Hand nahmen und so nach unten begleiteten. Beim Shopping verschwand sie gern zwischen den Kleiderständern, und ich hatte Mühe, sie zu finden, weil sie von einem zum anderen wanderte. Manchmal suchte ich die Umkleidekabinen ab, rief verzweifelt: »Antje, wo bist du?«, und da hatte sie schon Lieblingsstücke hineingehängt, und ich konnte gerade noch verhindern, dass sie diese anprobierte. Ich verließ immer recht schnell solche Shopping-Center, in denen ich eigentlich nur hatte bummeln wollen, und lernte, sie lediglich dann zu betreten, wenn Antje auch tatsächlich Kleidung benötigte. Ich gewöhnte mir mit der Zeit an, wichtige Dinge möglichst allein zu erledigen, um sie und mich keinem unnötigen Stress auszusetzen.

Autofahren war für Antje die Nummer Eins, und meist fuhren wir alle Wege mit dem Auto, wenn Antje dabei war. Das Laufen strengte sie zunehmend an, weshalb wir ihr weite Strecken ersparen wollten. Sie saß während der Autofahrten lieb auf der Rückbank mit ihrer Puppe und einem Katalog, verfolgte die Fahrt und erklärte streng: »Aufpasse, Papa, nich Ufall.«

Besonders freudig stieg Antje in Pferdekutschen. Wenn möglich, machte sie kleine Rundfahrten mit und war vergnügt, wenn sie vorn neben dem Kutscher sitzen konnte. Wir nahmen sie nach Ende der Tour pünktlich in Empfang und nutzten immer die Zwischenzeit, um selbst ein Pause einzulegen. Manchmal erhielt Antje kleine »Sonderfahrten«. Dann leuchtete ihr Gesicht und sie genoss es voll und ganz, im Mittelpunkt zu stehen. Wir freuten uns mit ihr und ermöglichten Antje öfter diesen Spaß.

## 29.

Trotz ihrer Atembeschwerden betrat Antje während eines Kuraufenthaltes in einem Lauftherapiezentrum das Laufband, weil es sie faszinierte, wenn es in Betrieb genommen wurde. »Nicht so toll«, sagte ich zu ihr, denn meine Ängste schwangen mit. »Sei vorsichtig, nicht so schnell«, betonte ich wieder. Natürlich wollte ich Antje alles ausprobieren lassen, wenn sie nur Spaß dabei hatte. Ihr größtes Vergnügen war es jedoch, im Thermalwasser zu baden. So fuhr ich mit Antje des Öfteren in ein nahe gelegenes Thermalbad. Sie bereitete mir überhaupt keine Schwierigkeiten und sorgte dafür, dass auch ich meinen Badespaß hatte. Sie verrichtete das An- und Ausziehen inzwischen sehr selbständig und wusste mit der Zeit genau, wie sich der Ablauf im Bad gestaltete.

Ich entfernte mich öfter von ihr im Wasser, um zu sehen, wie man ihr begegnete und wie sie sich verhielt. Sie beteiligte sich an der verordneten Gymnastik oder führte sie auf ihre Art alleine durch. Die Therapeuten gingen auf sie ein und die Badegäste sahen Antje erfreut zu. Nach zweistündigem Aufenthalt war Antje ruhig, ausgeglichen und fühlte sich wohl. Ich hatte nach jedem Baden das Gefühl, für Antjes Gesundheit etwas getan zu haben, und freute mich, wie gut ihr die Bewegung im warmen Wasser tat. Trotz guter Anzeichen gelang es mir dennoch nicht, Antje das Schwimmen beizubringen.

Manchmal blieben wir das Wochenende in C., weil wir die lange Fahrt in unsere Heimat vermeiden wollten. Ich nahm Antje mit zu meiner Schule und bezog sie in die Gruppe ein, was sich gut fügte, da sie sich mit ihrer Behinderung nicht von den anderen unterschied. Bald war sie den Kindern dort bekannt und von ihnen akzeptiert. Antje teilte gern mit mir mein kleines Appartement und war glücklich, in meinem Bett zu liegen. Das machte auch mich glücklich, und unser Wochenende verlief ruhig, ohne Stress und ohne die lange Fahrt nach Hause, nach D.

Das erste Jahr in F., Antjes neuer Umgebung, verging sehr schnell. Dann kamen endlich die Sommerferien, und Antje war wieder zu Hause.

Den heißen Sommer genoss sie im Planschbecken und im Garten. Antje entwickelte bald ihren Spaß beim Grillen oder Ballspielen. Ihr Papa besorgte eine Gartendusche, und die Freude bei unserem Kind war perfekt, als wir zwei mit ihr planschten und alle Aktivitäten im Freien genossen.

# 30.

Am Ende des Sommers 1994 feierte Antje schließlich ihren 13. Geburtstag – ein Tag, der eine riesige Überraschung für sie bereithalten sollte. Ich musste mich beherrschen, nichts zu verraten, bis mittags ein Kleinbus vor unserer Tür hielt und daraus alle Kinder aus Antjes erster Klasse aus W. krabbelten. Was für ein freudiges Wiedersehen! Unter den Kindern befand sich selbstverständlich auch Ilka, die Antje ein ganzes Jahr lang nicht gesehen hatte. Alle Gäste wurden geherzt und gedrückt. Wir saßen im Garten beim Kaffee und erzählten von der Schule. Ich freute mich, alle Kinder wiederzusehen und schätze noch heute die Idee der Lehrerin, uns zu besuchen. Der Geburtstag war für alle ein freudiger Tag, und Antje schaute wehmütig, als die Freunde abends Abschied nehmen mussten – schöner hätte ihr Ehrentag nicht verlaufen können!

Im September begann schließlich wieder die Schule, in diesem Schuljahr allerdings mit einer neuen Klassenlehrerin. Antje wurde so angenommen wie sie war und war jetzt deutlich besser integriert. Sie wuchs in ihrer kleinen Persönlichkeit, und wir waren bemüht, sie an allem teilhaben zu lassen, was in der Schule organisiert wurde: Freizeiten, Schulfeste, Wandertage und vieles mehr. Mein Mann vertrat uns bei den Klassenfesten, nahm allein an Elternabenden oder schulischen Veranstaltungen teil, da ich meine ganze Freizeit weiterhin für das Studium aufbringen musste. Die Angst um mein hilfebedürftiges Kind beherrschte jedoch ständig meinen Alltag. Hatte sie die richtige Kleidung an? Konnte sie schlafen? Wurde sie gepflegt? Schimpfte man auch nicht mit ihr? – Viele solcher Fragen ließen mich oft nicht schlafen! Ich kaufte Antje ein Geldtäschchen, einen Kamm, legte Papiertaschentücher zurecht, etwas Creme und packte diese Utensilien in eine kleine Umhängetasche. Sie sollte etwas ganz Persönliches haben, das nur ihr allein in der Fremde gehörte. Voller Stolz passte sie auf ihren kleinen Begleiter auf und vergaß nie, ihn unterwegs mitzunehmen.

# 31.

Wir wussten nicht, dass wir 1994 das letzte Weihnachtsfest in unserem Haus in D. feiern sollten. Oma A., meine Schwiegermutter, war schon über achtzig Jahre alt, litt durch ihre starken kirchlichen Bindungen aber nicht an Einsamkeit. Trotzdem widmete sie sich des Öfteren Antje, wenn sie uns besuchte. Meist spielte Antje Frau Doktor mit ihr und benutzte ihren »Arztkoffer«, den sie sich gewünscht hatte. Oma ließ es geschehen, dass sie nun immer gemessen und abgehört wurde. Wenn Antje bei ihr war, hatte Oma viel Geschick, sie im Spiel zu fesseln oder sich intensiv mit ihr zu beschäftigen. Ich erinnere die vielen kleinen Schüsselchen, Döschen und Fläschchen, die Oma füllte, um dann mit Antje Kaufladen zu spielen oder etwas zu kochen und alle Dinge in den diversen Gefäßen zu rühren.

Antje ging gern zu ihrer Oma, die bei uns im Ort lebte, gewöhnlich jedoch nicht länger als eine Stunde, da das Alter an Omas Kräften zehrte und Antje sie doch sehr beanspruchte. Ich konnte oft anfragen, wenn ich kurze Wege in die Stadt zu erledigen hatte, und ließ Antje dann bei ihr. Sie war aber auch froh, wenn ich zurückkam und mein Kind abholte. Bald schon rief Antje ihr zu: »Tschüss, Oma A.«

# 32.

Als ich das erste Staatsexamen bestand, war ich sehr stolz auf mich und verplante noch vor dem anschließenden Referendariat die Osterferien mit Antje. Gemeinsam traten wir eine vorbeugende Kur an, bei der mein Kind sich erholen und viele Tage mit mir verbringen sollte.

Antje stellte keine Ansprüche. Sie war zufrieden und akzeptierte das, was ich für uns beide vorgesehen hatte. Sie entwickelte eine förmlich ansteckende Vorfreude, die uns dann erwartungsfroh auf die gemeinsame Zeit einstimmte. Waren wir erst einmal angekommen, hörte ich so gern ihr »Tschüss, bis morgen«, das sie den Schwestern der Kurklinik nach dem Inhalieren, das sie so oft verordnet bekam, zurief. Antje schlenderte mit mir durch den Park, hakte sich ein und genoss die Zeit an meiner Seite. Oft führte unser Weg in ein schönes Café. Antjes Vorliebe galt italienischem Spaghetti-Eis, und wenn es das nicht auf der Speisekarte gab, zeterte sie so lange, bis ich zum italienischen Café weiterging – erst dann war sie zufrieden. Zwischenzeitlich fanden auch mein Mann und ich Geschmack an diesem vorzüglichen Eisbecher.

In dieser Zeit ging es Antje gut und sie fühlte sich wohl. Wir unternahmen kleine Ausflüge in die nähere Umgebung und planten immer Autotouren ein, damit Antje nicht so viel laufen musste. Solche Freizeiten verbrachten wir viele zusammen, und ich war sehr glücklich, mein Kind ganz für mich zu haben, es zu verwöhnen, mit ihm zu schmusen und ganz für Antje da zu sein. Ich erlebte, wie sie kleine Klettertouren wagte, Wendeltreppen zu Aussichtstürmen bewältigte oder geduldig kurze Spaziergänge mit mir antrat. »Wir sind gleich da, dann trinken wir Kaffee«, motivierte ich sie oft, damit sie auch nicht vor dem Ziel aufgab.

Ich hatte mir an einem strahlenden Sommertag überlegt, mit Antje eine herrliche Schifffahrt mit der Weißen Flotte, einem Personenschiff auf der Havel, das in Potsdam anlegte, zu machen. Antje war begeistert und saß still und zufrieden auf dem Oberdeck. Sie genoss die Fahrt auf ihre

Art und Weise, nichts tat ihr offensichtlich weh, weil sie keine Unebenheit spürte und das sanfte Schaukeln auf dem Wasser sie entspannte. Sie drückte ihre Puppe auf die Bank, lief dann spontan auf dem Schiff hoch und runter, um alles zu erkunden. Ich folgte ihr ständig, damit ihr nichts zustieß, bis wir wieder auf unserem Platz saßen. Ich beobachtete, dass sie die Umgebung weniger interessant fand als vielmehr die Beschäftigung mit ihren Spielkarten. Dennoch ließen wir von dem Vergnügen der Bootsfahrten in den folgenden Jahren nicht ab.

Später machten wir noch viele schöne Touren mit ihr auf der Weser, Aller oder auf irgendeinem See, auf dem der Papa mit uns ruderte, wenn es warm genug war. Antje ließ gern ihre Füße ins Wasser baumeln, weil sie sich bei ihrem Papa sicher fühlte. Sie genoss solche Erlebnisse, und wir als Eltern waren froh, sie glücklich zu sehen. Wenn ich Antje sonntags fragte: »Was wollen wir machen?«, dann antwortete sie spontan: »Boot fahren!« Das konnten wir aber auch nicht immer!

# 33.

Im Juli 1995 nahmen wir endgültig Abschied von unserem langjährigen Heimatort und zogen nach C. Es war uns nicht leicht ums Herz. Antje sollte ihre Oma A. nicht mehr wiedersehen.

Die Sommerferien opferten wir in diesem Jahr unserem Umzug – schließlich hatten wir alle Hände voll zu tun, das Haus einzurichten und alles an seinen Platz zu bringen. Wir hatten es in erster Linie nach Antjes Bedürfnissen ausgesucht, damit sie ein eigenes Zimmer, einen Garten und vor allem nur wenige Treppen vorfand; alle Zimmer lagen jetzt auf einer Ebene. Wir gaben uns die redlichste Mühe, zuerst Antjes Zimmer fertig zu stellen, weil wir sie in den Schulferien wieder daheim bei uns haben wollten. In kurzer Zeit hatten wir es auf ihren Empfang vorbereitet und waren sehr gespannt, wie sie sich wohl äußern würde.

Zuerst stand sie eine Weile sprachlos vor der Tür, doch dann rief sie staunend und jubelnd zugleich laut: »Mein Zimmer?«

Glücklich standen wir Eltern mit ihr in ihrem neuen Reich. »Das ist dein Zimmer« sollte für alle Zeiten fest in ihrem Kopf haften bleiben. Stolz öffnete sie Schränke und Kästen, und schon begann sie ihre Utensilien einzuräumen. Jeder Besucher bekam das Zimmer gezeigt, und immer erklärte sie: »Mein Zimmer, Antjes Zimmer!« Sie nahm es schnell in ihren Besitz, und wir empfanden es als Glück, dass Antje mit dem Wechsel ihres Zuhauses so gut zurechtkam. Von da an bedeutete es ihr so viel, dass sie jedem sagte: »C. schön.« Wir allein wussten, dass sie ihr Zuhause meinte, und ich setzte alles daran, es gemütlich und behaglich zu gestalten.

# 34.

Antje sollte jetzt längere Zeit zu Hause bleiben. Ihr 14. Geburtstag stand kurz bevor. Mit wachen Augen nahm sie in ihrer neuen Umgebung jede Kleinigkeit, die sich veränderte, wahr und machte uns darauf aufmerksam. Wir gestalteten ihr Fenster mit Fensterbildern und dekorierten ihr Zimmer mit vielen kleinen Dingen. Nichts von alledem legte sie beiseite, sondern bewahrte es gut in ihren Schubladen auf. Sie verfolgte, was befestigt, angehängt oder hingestellt wurde. Sie gab uns das Gefühl, dass ihr alles gefiel, denn sie wusste, dass hier ihr eigener Bereich war. Ihr Mobiliar bestand aus einem Jungmädchenzimmer mit einer kleinen Vitrine und integriertem Schreibplatz. Hier konnte sie malen, schreiben und spielen. Sie sorgte selbst für Ordnung und räumte Schubkästen und oft den ganzen Kleiderschrank aus. Sie schaute betroffen und unschuldig, wenn ich dann zu ihr sagte: »Antje, was hast du denn da gemacht?« Mir blieb keine Wahl, als alles wieder einzuräumen, und bei ihrem unschuldigen Gesichtsausdruck konnte ich ihr nicht wirklich böse sein.

Besondere Aufmerksamkeit widmete Antje ihren Malutensilien. Sie hatte viele Federtäschchen mit diversen dicken Bunt- und anderen Stiften, die sie sämtlich wie ihren Augapfel hütete. Mit Vorliebe malte sie Vorlagen aus oder fand Spaß, mit Pinsel, Farben und Wasser zu tuschen.

In meiner freien Zeit übten wir mit Fingerfarben zu drucken, mit Motiven zu stempeln, vor allem aber Karten zu spielen. Letzteres wurde zu einer kleinen Leidenschaft. Immer wieder besorgte ich neue Quartettspiele, weil die Karten schnell abgegriffen waren. Antje nahm sie überall mit und wartete täglich sehnsüchtig auf einen Mitspieler, der in den meisten Fällen Papa hieß. Sie entwickelte ein gutes Verständnis für die Spiele, und doch ließen wir sie oft bewusst gewinnen, um den Spaß für sie zu vergrößern.

# 35.

Obwohl Antjes Arbeitsplatz in ihrem Zimmer bestens zum Malen, Tuschen oder Basteln geeignet war, belegte sie lieber unseren Küchentisch mit ihren Dingen, um in unserer Nähe zu sein. Sie war nicht zu bekehren oder zu überzeugen, denn sie saß nicht gern allein und suchte Gespräche und Blickkontakt. Sie verfolgte aufmerksam meine Handlungen beim Kochen, half gelegentlich beim Zubereiten der Mahlzeiten und konnte schon bald selbst den Tisch decken. Selbständig bereitete sie Obst für Obstsalat zu und überraschte uns später mit Kaffee, den sie in unserer Abwesenheit allein gekocht hatte. Sie freute sich, wenn ich sie dafür mit den Worten lobte: »Das hast du aber fein gemacht, da wird sich der Papa bestimmt freuen!« Sie lernte auf diese Weise kleine praktische Tätigkeiten und stellte sich dabei recht geschickt an. In meiner Küche wusste Antje bestens Bescheid, und wenn ich sie bat, mir eine Schüssel hinzustellen, dann lief sie gleich zu dem Schrank, in dem sie sie finden konnte.

In der Weihnachtszeit backten wir gemeinsam Plätzchen. Antje bekam die Ausstechformen in die Hand und legte die Teigplätzchen auf das Backblech. »Hmmm«, machte sie, und leckte im Anschluss ihre Schüssel aus. Verbunden mit dieser Tätigkeit hörten wir immer wieder das Lied »In der Weihnachtsbäckerei« von Rolf Zuckowski, und wir sangen es zusammen, wenn es im Radio ertönte.

Der Weihnachtsmarkt in unserer Stadt lockte viele Besucher an, und meist wählte ich einen Adventssamstag, um mit Antje die vorweihnachtliche Zeit zu genießen. Sie hatte Spaß am Karussellfahren, und genüsslich trank sie am Stand einen Glühwein mit uns. Jedes Jahr wieder brachte sie es uns in Erinnerung und verkündete: »Gühwein, lecker!«

Verkaufsstände interessierten sie auf dem Weihnachtsmarkt wenig, vielmehr das Erlebnis, den Weihnachtsmann zu treffen. Sie hatte ihren Spaß, wenn er kleine Geschenke verteilte und rief: »Weihnachtsmann, hallo!« Angst hatte Antje keine vor ihm und fasste gern den langen weißen Bart an.

Die Fahrtstrecken zu Antjes Schule in F. waren nun kürzer, die Entfernung zu Antje geringer. Das nutzten wir für zahlreiche Ausflüge in die nahe gelegene Lüneburger Heide. Zusammen lernten wir ein idyllisches und sanftes Gebiet kennen mit den für diese Landschaftsform typischen Schafen, den so genannten Heidschnucken, mit der blühenden Heide, den dazu gehörigen Heideblütenfesten und den schönen Spazierwegen. Eines Tages berührte Antje während eines Spaziergangs sogar den Hund des Schäfers, obwohl sie sonst die allergrößte Angst vor diesen Tieren hatte. Dennoch führte sie einmal auch einen ganz kleinen Pudel vertrauensvoll an der Leine, aber nur für eine kurze Zeit!

Während ihrer Aufenthalte zu Hause fuhr Antje begeistert ihr neues Fahrrad, ein spezielles Therapie-Dreirad für Kinder mit Gleichgewichtsstörungen, das zwei Hinterräder für einen sicheren Stand hatte und beim Fahren nicht kippen konnte. Antje sollte mit dem Rad ihre Mobilität steigern, es sollte den Spaß am Fahren fördern und natürlich auch ihre Selbständigkeit entwickeln. Mit wachsender Begeisterung fuhr sie mit ihrer Puppe im Gepäck um das Häusereck und war stolz, ihre Fahrradschaltung bedienen zu können und kleine Anhöhen zu schaffen. Sie grüßte jeden mit »'N Tach« (Guten Tag), stieg oft ab und klingelte an fremden Haustüren. Oftmals mussten wir hinterherfahren, um Antje zurückzuholen. Um immer die Kontrolle zu haben, sollte sie vor unserer Tür klingeln, wenn sie vorbeikam, und ich winkte ihr zu oder rief: »Hallo, da bist du ja!« Sie strahlte, und es war so schön anzusehen, welche Fortschritte sie beim Radfahren machte.

Ein Jahr später war plötzlich keine Puppe mehr im Gepäck – Antje wurde vernünftiger und selbständiger. Der Papa machte weiterhin kleine Ausflüge mit ihr in die Umgebung, und es war schön, Antje auf Vögel und Pflanzen in der Natur aufmerksam zu machen. Sie nahm in ihrer Umgebung alles sehr genau wahr und sagte oft: »Horch!«, stieg ab, lauschte dem Gesang eines Vogels oder beobachtete ein Eichhörnchen. Manchmal machten wir gemeinsam kleine Touren und wir freuten uns, wie viel Spaß Antje dabei hatte.

UNIVERSITY

## 36.

Mit dem Jahr 1996 ging der Aufenthalt in F. für Antje zu Ende. Die Einrichtung schloss ihr Haus von heute auf morgen. Alles wurde aufgelöst, und wir wurden angehalten, Antje innerhalb kürzester Zeit nach Hause zu holen. Die Situation war äußerst schwierig für mich, denn ich hatte kaum die Möglichkeit, mich meinem Kind in ausreichendem Maße zu widmen, weil ich das zweite Staatsexamen vorbereiten musste. Ohnehin hatte ich bereits das Gefühl, dass es an meine letzten körperlichen Reserven ging.

Wie sollte ich Antje nun betreuen? Ich konnte sie doch nicht den ganzen Tag allein lassen, schoss es mir durch den Kopf. Antje musste in eine Schule, und so meldete ich sie in einer Sonderschule an, in der es Klassen mit geistig behinderten Kindern gab. Antje verkraftete diese Umstellung sehr schlecht und nahm meinen Stress und meine Belastung wahr. Sie wurde anfällig, und es entwickelte sich ein wahrer Teufelskreis, aus dem ich nicht heraus kam. Die schwierigen Umstände rund um meine Ausbildung spitzten sich drastisch zu. Mein behindertes Mädchen brauchte viel Pflege, Zuwendung und Zeit, aber all das konnte ich ihr zu diesem Zeitpunkt nicht geben. Oft war ich verzweifelt, weil ich wusste, wie schwer es uns fallen würde, Antje erneut in einer Einrichtung unterzubringen. Wir sahen uns Unterkünfte an, führten Gespräche, was beides einen erheblichen Zeitaufwand mit sich brachte, und bekamen schließlich die Zusage für einen Platz in einer konfessionellen Einrichtung in Cl. Wir waren von der äußeren Anlage und den Wohngemeinschaften, der Schule, die sich auf dem Gelände befand, beeindruckt, und so wurde Antje im März 1996 dort aufgenommen. Ich hatte kaum noch Kraft, diese Umstände zu ertragen und wusste doch, wie wichtig es war, meinen Abschluss zu erreichen! Die Sehnsucht nach Antje schwang in meinem Alltag mit, aber ich konnte der Situation nicht ausweichen und musste sie zu dieser Zeit in fremde Hände geben. Das Aufnahmeprocedere war ohnehin schon belastend, weil man dies und jenes »beraten« wollte. Häufig kam ich mir vor, als wäre ich eine Bittstellerin.

Schon nach kurzem Aufenthalt in der neuen Wohngruppe bemerkte ich, dass es meinem Kind nicht so gut ging, wie ich es erhofft hatte. Extreme erzieherische Reglements sorgten dafür, dass Antje nicht glücklich war. Manchmal weinte sie sogar, wenn wir sie zurückbrachten, was vorher niemals der Fall gewesen war. Das Personal war wenig bereit, uns über inhaltliche Abläufe zu informieren bzw. Entscheidungen zu besprechen und kooperativ mit uns Eltern zusammenzuarbeiten. Vom Personal bekamen wir oft zu hören: »Das kann Antje doch allein!«, womit Tätigkeiten wie Aufräumen oder Anziehen gemeint waren. Doch da lagen ihre Sachen im Schrank durcheinander, weil sie noch gar nicht in der Lage war, sich ganz allein anzuziehen und die Kleidung gemäß der Witterung zu wählen. Traurig musste ich Ruhe bewahren und durchhalten, damit wir es uns nicht mit den Mitarbeitern verdarben. Zu ihnen konnten wir keinen ehrlichen Kontakt aufbauen. Die ständige Fahrerei mit Holen und Bringen setzte wieder ein. Es gab einen Heimfahrtsplan, starre Heimvorschriften, und die Liebe zu den Betreuten schien wenig wichtig. Gruppenleiter zogen sich in das »rauchende« Betreuerzimmer zurück und wiesen die Bewohner gern ab. Ich war völlig entsetzt und gekränkt und konnte es überhaupt nicht fassen, dass mein Kind vor die Tür gestellt wurde, weil es beim Essen geredet hatte! Immer wieder wurde uns das vorgehalten! Es gab noch andere sonderbare Erziehungsmethoden, die zumindest fragwürdig schienen.

Von den Lehrern der Schule hörte ich meist: »Wir können mit ihr nicht viel anfangen«. Die neue Lehrerin brachte zum Ausdruck, dass Antje »wenig konnte«, und ich war bedrückt, weil ich inzwischen längst gelernt hatte, dass man Kinder mit Down-Syndrom gut fördern konnte.

Antjes Verhaltensweisen entwickelten sich negativ. Sie wurde auffällig aggressiv bis zur Autoaggression und erhielt dafür ständige Ermahnungen. In der Schule dieser Einrichtung stand sie abseits, nach meinem Gefühl sogar auf dem Abstellgleis. Ich schluckte tief und war innerlich sehr empört darüber. Aufgrund meiner Situation war ich jedoch gezwungen, den Zustand bis auf weiteres zu ertragen. Die Folge meinerseits war Kraftlosigkeit und wenig zufrieden stellende Unterrichtsvorführungen. Rücksicht gab es für mich in der Ausbildung keine, und mir blieb nichts übrig als durchzuhalten und mit festem Willen weiterzumachen.

Antje hatte sich ihre kleine Ecke im Zimmer aufgebaut, wo sich ihre Puppe, die Malsachen, ihre Decke, ihr Kissen befanden. All das hatten wir von zu Hause mitgenommen. Wir telefonierten so oft es ging mit

Antje und dann wollte sie häufig, dass Papa ihr das »LA-LE-LU« von Heinz Rühmann vorsang, damit sie beruhigt einschlafen konnte, was er stets liebevoll und mit viel Rührung durch das Telefon tat. Außer mir sah keiner, dass ihm dabei die Tränen in die Augen stiegen. Später sangen wir dieses Lied noch ganz oft, wenn Antje ins Bett ging, und es wurde eines ihrer Lieblingslieder.

# 37.

Zum Glück kam endlich der Tag, an dem ich Antje für immer nach Hause holen konnte, und ich war unendlich froh darüber! Nach meiner zweiten Staatsprüfung fiel eine riesige Last von mir, und Befreiung machte sich in mir breit. Ich verplante sämtliche möglichen Tage, um mit Antje zu verreisen. Ich hatte das Bedürfnis, etwas aufzuholen, das während der letzten Monate versäumt worden war. Sie packte wie immer gern ihr Köfferchen, entwickelte eine ansteckende Begeisterung bei unseren geplanten Unternehmungen und berichtete jedem, der ihr begegnete, vom »Hostel«, in das wir fahren wollten. Sie jubelte, freute sich ungemein und zählte alles auf, was uns dort erwarten würde wie »baden, spazieren, ausruhen, Kaffee trinken, fernsehen, spielen, Telefon, Balkon, eigene Küche … alles Papa, alles!« Es war schön, ihr zuzuhören, wie die Worte aus ihr heraussprudelten. Es war immer ein Spaß für uns, denn der Papa provozierte sie mit seinen Fragen. Antje lachte bei diesem Spiel und das machte uns jedes Mal Freude, bevor wir verreisten. Wir mieteten mit Vorliebe schöne Ferienwohnungen, weil wir so unabhängig von vorgegebenen Zeiten waren. Ich schlief neben meinem Mädchen und war beruhigt, sie neben mir zu wissen. Ich fasste wie so oft ihr Händchen und hielt es fast, streichelte ihr Gesicht, und sie verstand, wie sehr ich sie liebte.

Wir unternahmen kleine Wanderungen durch die Wälder und hielten oft an einer Bank an, damit Antje sich ausruhen konnte. Unsere Ausflugsorte steuerten wir fast ausnahmslos mit dem Auto an und berücksichtigten ihre Empfindlichkeiten. Ich hörte sie niemals jammern oder klagen; stets war sie gut gelaunt und glücklich, wenn wir zusammen waren und gemeinsam unsere Freizeit verbrachten.

# 38.

Mit dem Jahr 1996 ging merklich Antjes körperliche Entwicklung voran. Sie war nach wie vor untergewichtig, zart und klein, aber aufnahmebereiter und aufgeschlossener. Sie hatte noch nicht davon abgelassen, mich unterwegs zu kämmen oder jede Gelegenheit zum Klettern zu ergreifen. Sie war kontaktfreudig, sprach fremde Leute an, erzählte unverständlich den anderen, was wir vorhatten, und verhielt sich gänzlich wie ein Kleinkind. Sie machte gern ihren Spaß und ließ sich nicht dazu drängeln, irgendeine Verrichtung einmal schneller auszuführen. Im Laufe der Jahre hatte ich deshalb gelernt, jede Situation Antjes Rhythmus anzupassen.

Nach dem schönen Sommer näherte sich wieder der Schulbeginn. Von ebenfalls betroffenen Eltern erfuhren wir von einer integrativen Beschulung in der F. M. in H. Wir führten mehrere Gespräche und waren dankbar, dass Antje in die Schule aufgenommen wurde. Eine engagierte Lehrerschaft unterrichtete sowohl lern- als auch geistig behinderte Kinder integrativ nach den Lehren von Rudolf Steiner.

Für Antje begann eine glückliche Zeit, vermutlich ihre schönste überhaupt. Sie hatte es ihrem Lehrer zu verdanken, dass sie schnell in die neue Schul- und Klassengemeinschaft hineinwuchs und liebevoll aufgenommen wurde. In mühseliger Arbeit mit Lob, Güte und Geduld wurden Antjes Auffälligkeiten abgebaut. Anfangs stellte sie wegen ihres Verhaltens eine Herausforderung für die Lehrerschaft dar, wurde aber zunehmend ruhiger, sicherer und gewann schließlich ihr Selbstvertrauen zurück. Alles entwickelte sich für sie positiv, und sie wusste nun, dass sie täglich nach Hause kam, und fand so ganz langsam ihr inneres Gleichgewicht wieder. Der Schulbus holte Antje jeden Tag ab und brachte sie zurück, und erstaunlich gut verkraftete sie die relativ weite Wegstrecke zur Schule, die sie immer mehr liebte, weil ein guter Tag auf sie wartete.

Das Weihnachtsfest 1997 genoss Antje wie immer sehr und war entzückt, dass alles glitzerte, nachdem ich das Haus geschmückt hatte. Sie bemerkte mit großer Aufmerksamkeit selbst die kleinsten Details, die ich dekorierte. Ihre Wünsche und Bedürfnisse respektierten wir in jeder Weise und waren ihr dankbar, dass sie meinem Mann und mir einmal im Jahr einen Urlaub zu zweit gönnte. Doch parallel plante ich, ihr erlebnisreiche Ferienfreizeiten bei verschiedenen Vereinen zu organisieren. Auf diese Weise lernte sie neue Freunde kennen, ordnete sich gut in die verschiedenen Gruppen ein und war in ihrem Humor nicht zu bremsen. Am Ende aller Freizeiten freute sie sich dann immer riesig auf ihr Zuhause, und wir holten sie unverzüglich vom Ferienort ab. Dennoch war die Sorge um ihr Wohlbefinden ständig gegenwärtig, und nur die fast täglichen Telefonate mit ihr überbrückten die Zeit der Trennung.

# 39.

Ein Jahr nach der Aufnahme von Antje in der neuen Schule in H. wurde endlich der Traum der Schulgemeinschaft für einen Schulneubau wahr. Lehrer und Eltern wurden zur Mithilfe für die endgültige Fertigstellung aufgerufen, und so weilte mein Mann häufig in der Schule, wodurch der Kontakt zu Kindern, Eltern und Lehrern immer intensiver wurde. Fiebrig arbeiteten alle daran, dass das neue Gebäude schon im folgenden Schuljahr genutzt werden konnte. Es entstand ein fabelhafter, architektonisch beeindruckender, anthroposophisch konzipierter Schulneubau mit einem großzügigen Außengelände, das es ermöglichte, mit den Kindern viele Aktivitäten durchzuführen. Die Schülerschaft war stolz auf »ihre« Schule, und die Lehrer gestalteten die Räume unter Einbeziehung der Eltern, wodurch das gesamte Vorhaben bis in das kleinste Detail überlegt und ausgeführt wurde. Bei der Einweihungsfeier gab es verdientes Lob von allen Seiten.

Antje entfaltete ihre Persönlichkeit und fühlte sich immer mehr dazugehörig. Sie verehrte ihren Lehrer, und ich hörte sie lachen und Spaß machen, was ich nie vergessen werde. Sie war nach einem Jahr in die Klassengemeinschaft hineingewachsen, wurde ausgeglichener, zufriedener und war glücklich, dass sie in diese Schule gehen durfte. Noch mehr genoss sie, dass sie jeden Tag zu Hause war. So fühlte sie sich geborgen, gut versorgt und geliebt.

Antjes Lehrer, dem es mit viel pädagogischem Geschick gelungen war, auf sie einzuwirken, wurde für mein Kind eine wichtige Bezugsperson. Liebevolle Konsequenz war das Geheimrezept seines pädagogischen Erfolges. Antje sagte ständig: »Herr Garasche mein Freund«, was einer hohen Wertschätzung entsprach, die nicht vielen Personen zuteil wurde. Ihr Lehrer vertraute ihr, stärkte sie und schaffte es, Antje gut zu integrieren und auf sie einzugehen. Sie war nun längst nicht mehr die Neue, mit ihrer Fröhlichkeit brachte sie Stimmung in die Klasse und sorgte mit ihren »Reden« für reichlich Unterhaltung. Sie baute sich Kontakte zu den anderen Kindern auf und wurde so akzeptiert, wie sie war. Alle Lerninhalte waren auf Förderung der Schreib- und Sprechfähigkeit sowie auf viele lebenspraktische Tätigkeiten wie

Arbeiten mit Ton, Wolle, Holz und anderen Materialien ausgerichtet. Die Schul- und Klassenatmosphäre war von Liebe zu den Kindern, Herzlichkeit, Kameradschaft und Gemeinsamkeit geprägt. Antje fühlte sich angenommen und geachtet. Sie fing an zu kritzeln, hantierte mit Malstiften und Heften. Malutensilien gewannen für sie immer mehr an Bedeutung, und bald konnte sie ihren Namen nachschreiben. Es machte ihr Spaß, auf Karten an ihren Bruder oder Freunde zu unterschreiben, und sie malte mit Vorliebe gleich noch ein Blümchen hinzu.

Antjes Fähigkeiten wurden in den Folgejahren deutlich verbessert, obwohl immer wieder zu erkennen war, dass sie gegenüber ihren Mitschülern, von denen sich die meisten seit dem Kindergarten kannten, im Hintertreffen war und die fehlende frühe Förderung nicht wirklich aufgearbeitet werden konnte. Es bereitete ihr Schwierigkeiten, sich sprachlich verständlich zu äußern, und an ein Schreiben- oder Lesenlernen war trotz allen Fortschritten nicht zu denken.

# 40.

In ihrer Entwicklung waren jetzt auch regelrechte Sprünge zu erkennen. Langsam bemerkte ich, dass die Puppen Antje nicht mehr interessierten, dafür kaufte ich Lippenstift und Parfüm, Deo und duftendes Duschbad. Antje fand Gefallen an diesen Dingen und sagte zu mir: »Ich Dame, du auch Dame, Mutti?« Sie wurde mit ihren Sachen eigen und passte auf, dass keiner sie berührte.

Antje begriff, dass sie sich veränderte und entwickelte viel Sinn für ihr Aussehen. Ich unterstützte sie in ihrem neuen Gefühl, und mit ihrer Kleidung unterstrich ich ihr Erwachsenwerden. Im Gegensatz zu allen Jahren zuvor ging ich von nun an mit ihr zum Friseur, damit sie schick war, und lackierte ihre Fingernägel, was ihr sehr gefiel. Ich beobachtete, wie gut sie sich entwickelte und dachte nicht an die doch so prägnante Diagnose von damals. Ich wusste um die tägliche Gefahr, mutete ihr nie zuviel zu, verdrängte jedoch die Tatsache, zumal sich Antjes Gesundheit scheinbar stabil entwickelte. Ich behütete sie und wusste, was sie brauchte, um jeden Tag weiterzuleben. Mir war klar, wie wichtig es war, dass Antje sich nicht erkältete oder überanstrengte. Um Infektion vorzubeugen, informierten wir die Lehrer, besonders auf sie zu achten, da sie selbst kein Gefühl hatte, sich witterungsgerecht zu kleiden, um Infekte zu vermeiden.

Antje hatte nun auch ihre häufigen Erkältungen weitestgehend überwunden. Sie wuchs heran und war längst kein Kind mehr. In der Klasse entwickelte sich durch die gemeinsame Klassenfahrt ein herzliches Verhältnis zu ihrem Schulfreund Christoph. Bald hörten wir Antjes Worte: »Christoph, mein Freund!«

Antje kam mit vielen kleinen Arbeiten aus der Schule, und ich sah, mit wie viel Geschick sie kleine Teppiche weben konnte oder auch Holzarbeiten anfertigte. Ich lobte sie, nahm an allen Erfolgen Anteil und war so froh, sie bei mir im Haus zu haben. Sie entbehrte nichts, stellte auch keine Ansprüche oder äußerte keine besonderen Wünsche. Es ging ihr genauso wie mir, sie war glücklich, dass sie jetzt immer bei uns sein konnte. Unsere Verbindung zueinander wurde immer fester und tiefer und führte uns noch enger zusammen.

Der Besuch dieser Schule war ein Gewinn und eine wunderbare Zeit für Antje. Die glückliche Stimmung konnten wir oft mit ihr teilen, indem wir bei Festen, Veranstaltungen und Aufführungen der Schule gemeinsam mit anderen Eltern dabei waren. Jeden Morgen wartete sie auf den Schulbus und verabschiedete sich mit Küsschen und Winken. Sie hatte einen langen, anstrengenden Tag und kam erst am späten Nachmittag nach Hause. Ihre Pflege nahm auch jetzt eine beträchtliche Zeit des Tages in Anspruch.

Auf Empfehlung der Schule meldeten wir Antje nach gründlicher Überlegung im Jugendklub an, in den viele ihrer Mitschüler nach dem Schulunterricht gingen, um gemeinsam den Nachmittag zu verbringen. Der Jugendklub war Partner der Schule und organisierte Veranstaltungen für die behinderten Jugendlichen. »Das wäre doch gerade richtig für Antje«, meinte der Lehrer, »da ist sie in Gesellschaft und hat ihre Ansprechpartner.« Er hatte Recht, und wir ermöglichten Antje, einmal in der Woche in den Klub zu gehen, weil wir glaubten, dass sie gern im Kreise Gleichaltriger war und in der Gemeinschaft Freunde fand. Für Antje war der Jugendklub in der Tat sehr bereichernd. Sie lebte sich gut ein und nahm an Ferien- und anderen Freizeiten teil. Doch an diesen Jugendklub-Tagen wurde es immer recht spät, und Antje war froh, wenn wir sie abholten und nach Hause fuhren.

Jedes Jahr im Frühjahr und Sommer plante ich mit Antje Reisen, die ich oft mit ihr allein antrat, weil wir beide das Glück der langen Schulferienzeiten hatten. Unsere Reisen zu zweit verfolgten immer das Ziel, etwas für Antjes Wohlbefinden zu tun. Es tat ihr gut, dass ich uneingeschränkt Zeit für sie hatte, die sie ganz und gar genoss.

So gingen wir oft baden. Im warmen Wasser war es ihr behaglich, weil die Wasserbecken einen geraden und festen Untergrund sowie einen Rand zum Festhalten boten, der ihr Sicherheit gab. Antje führte für sich allein und auch in der Gruppe intensiv ihre Wassergymnastik durch. Die Badegäste lächelten, wenn sie das Mädchen beobachteten, und manche sprachen sie an. Sie bewegte sich sehr selbständig im Bad, nur das An- und Ausziehen nahm erhebliche Zeit in Anspruch, und ich musste zusehen, dass unsere vorgegebene Badezeit nicht ausreichte und verlängert werden musste. Fast ausnahmslos fand ich Verständnis beim Personal, und ich war dankbar, Antje nicht drängeln zu müssen. Jeder Urlaub mit ihr war erlebnisreich, und meistens kam der Papa nachgereist. Antje war immer bereit, mit mir kleine Ausflüge zu machen, sich etwas anzusehen oder einfach spazieren zu gehen. Wir genossen es, dass wir zusammen waren, und ich fühlte, wie viel mir mein Kind bedeutete, niemals wollte ich sie wieder hergeben! Antje hatte ihre

Eigenheiten, die zum Down-Syndrom gehörten, und ich merkte in meiner Liebe oft nicht, dass es auch genügend Probleme mit ihr gab, die im Alltag gemeistert werden mussten. Oft wurde mir bewusst, dass ich an Antjes Grenzen stieß und ließ gänzlich davon ab, sie mit anderen Kindern zu vergleichen.

# 41.

Die Schule plante in der elften Klasse einen Segeltörn auf hoher See. Zunächst war ich völlig unentschlossen, ob Antje so etwas zuzumuten war, und begab mich aus Sicherheitsgründen mit ihr zum Schularzt, der die Schule und alle Kinder bestens kannte. »Bei genügender Aufmerksamkeit der mitfahrenden Lehrer und entsprechender Kleidung kann Antje teilnehmen, nur erkälten darf sie sich nicht!«, antwortete er. Wir vertrauten ihm und den Lehrern und ließen Antje an dem Erlebnis mit der Klasse teilnehmen. Antje selbst bestand ohnehin darauf mitzufahren und sprach täglich nur noch vom Boot-Fahren, und so stattete ich sie mit regendichten Textilien aus. Wir brachten unsere Tochter zur Küste und übergaben sie nach unzähligen Küssen der Hand der begleitenden Lehrerin. Die Fähre verschwand aus unserem Blick, und wir blieben zurück mit dem alleinigen Wunsch, dass die Fahrt gut verlaufen möge.

Antjes Klasse verbrachte bei großem Sturm, hohem Seegang und auf engstem Raum eine ganze Woche auf dem Ijselmeer. Dennoch herrschte gute Stimmung unter den Schülern, wie wir telefonisch vernahmen, und jeder von ihnen passte auf den anderen an Bord auf. Jungen und Mädchen wurden mit sicheren Schwimmwesten ausgestattet, um allen Ängsten vorzubeugen und verantwortungsvoll für die Sicherheit der Kinder zu sorgen. Durch den großen Gemeinschaftssinn der Gruppe hatten die Kinder eine wirklich erlebnisreiche Woche.

Wie war ich aber froh und auch erlöst, mein Kind nach der Reise wieder unversehrt in Empfang nehmen zu können! Endlich! Und da flog Antje mir auch schon in die Arme! »Christoph – mein Freund«, sagte sie, und mir war klar, dass mein Kind erwachsen wurde.

## 42.

Das Jahr 1998 begann ereignisreich mit einem großen traditionellen Faschingsfest in der Schule unter dem Motto »Natur und Garten«. Ich zerbrach mir wie jedes Jahr den Kopf, welches Kostüm Antje tragen könnte. Ihr hingegen war das völlig gleichgültig, sie vertraute mir und wusste, dass ich das richtige für sie entscheiden würde. So wurde Antje eine kleine Marktfrau mit hübschem Hut, Tuch, Rock und einem Korb voller Blumen. Sie hielt den Korb fest in ihren Händen und verteilte emsig den Inhalt von Naschwaren an ihre Freunde. Sie sah entzückend aus, wie auch alle anderen Kindern in ihren Kostümen. Da die Eltern ebenfalls eingeladen waren, erlebten wir das fröhliche Treiben mit Tanzen, Spielen, Essen, Aufführungen live; kein Wunder, dass die Kinder am Abend müde waren. Antje schlief sofort auf der Fahrt nach Hause im Auto ein.

Im Frühling, vor der Osterzeit, sollte Antjes Konfirmation in unserer Gemeinde stattfinden. Antje erhielt eigens für diesen Tag bei uns zu Hause Konfirmationsunterricht. Leider führte kein Weg zu einer gemeinsamen Konfirmation mit den anderen Jugendlichen unserer Gemeinde, und wir fühlten uns dadurch zurecht diskriminiert. Diese Ausgrenzung nehme ich der Gemeinde bis heute übel. Dennoch blieb uns die Feierstunde für Antje in unserer Kirche in guter Erinnerung: Der Tag war festlich und ein Höhepunkt in ihrem Leben. Wir bemühten uns, ihr einen unvergesslichen Tag im Kreise der Familie und mit lieben Freunden auszurichten. Wir maßen diesem Tag bewusst eine sehr große Bedeutung bei, gestalteten ihn zu Antjes Ehren und sie genoss ihn in vollen Zügen. Stolz trug sie das Christuskreuz um den Hals und das Gesangbuch in der Hand. Ich werde niemals vergessen, wie ich Antje zur perfekten Konfirmandin einkleidete, und sie war sehr stolz darauf.

Vier Wochen später fuhren wir Antje zur Kinderkur an die Ostsee, das erste Mal, dass sie ambulante Anwendungen allein nehmen sollte. Eine Kurmaßnahme ohne Mutti und Papa! Nach kurzem Aufenthalt hatte sie schon große Sehnsucht nach ihrem Zuhause. Ihr Heimweh versuchten wir durch häufiges Telefonieren zu überbrücken. Nach drei langen Wochen holte ich sie ab, und sie flog mir voller Freude um den Hals. Eine Wiederholung dieser Maßnahme war nicht geplant, da sie für mein Kind nicht optimal war.

Im Herbst des gleichen Jahres ging es ihr besser, als sie mit mir eine Woche die Laubfärbung in B.S. genießen konnte. Es war eine schöne Herbstzeit, und wir sammelten fleißig bunte Blätter, die wir in der Zeitung pressten. Antje hatte viel Spaß daran. Später machten wir beide einen Blätterdruck. Wir erkundeten zusammen die schöne Umgebung und liefen durch ein Gradierwerk, durch das Sole fein versprüht wurde. Antje atmete hier saubere, solehaltige Luft ein, die positive Wirkung auf ihre Bronchien hatte.

Als wir wieder nach Hause kamen, war ihr liebster Bruder mit seiner Freundin angereist. Wir lernten Louise kennen, und bald gehörte sie fest zur Familie. Louise baute schnell einen herzlichen Kontakt zu Antje auf, und Antje fasste Vertrauen, als würde sie Louise schon lange kennen. Es erfüllte mich mit Dankbarkeit, dass Antje in ihr jemanden fand, der sie lieb hatte, mit ihr Lieder sang und spielte, und so wurde viel telefoniert, nachdem der Besuch leider viel zu früh wieder zu Ende ging.

Große Aufregung und Vorfreude gab es bei uns, als Antjes 18. Geburtstag herankam. Es sollte ein ganz besonderer Tag werden, das hatten wir uns vorgenommen, und deshalb überlegte ich, auf welche Weise wir ihn gestalten könnten. Wir entschlossen uns, ihre Schulfreunde einzuladen und Picknick auf einem Grillplatz in der Heide zu machen. Antje hatte keine Ahnung, was wir planten, und ich antwortete ihr auf ständige Fragen: »Das wird eine Überraschung, mein Schatz!«

Zuerst wurde Antje an ihrem Ehrentag besonders herausgeputzt. Sie bekam viele kleine bunte Spangen ins Haar, Lippenstift und Nagellack sowie schicke Kleidung an. Dann erwarteten wir die Gäste. Antje packte wie zu jedem Geburtstag zuvor leidenschaftlich mitgebrachte Geschenke aus und freute sich besonders darüber, dass ihr Heiko mit Louise gekommen war, um mit uns zu feiern.

Als alle Freunde eingetroffen waren, fuhren wir mit mehreren Autos in die schöne Lüneburger Heide und packten auf dem Grillplatz alle mitgebrachten Utensilien aus. Antje fand meine selbst gemachten Salate lecker und empfand eine Grillparty immer als Vergnügen. Papa hatte sogar seine Grillschürze mitgenommen und unsere Kinder umringten ihn, als er das Feuer entfachte.

Meine Mutter war begeistert von unserer Idee und betrachtete die Kinder beim fröhlichen Treiben. Wir hatten uns viele Spiele mit Preisen überlegt. Heiko und Louise übernahmen die Regie und sorgten für viel Spaß. Wir erlebten nun strahlende und glückliche Gesichter, viel Lachen und Übermut. Zum Schluss faszinierte uns noch die große Heidefläche, die um Antjes Geburtstag immer in voller Blüte steht. Auf der Rückfahrt hielten wir noch ein gemeinsames Kaffeetrinken ab, und wir bemerkten hier, dass die Gästeschar ganz müde war. Antje hingegen lachte. Freude ließ ihr Gesicht strahlen, und ich war glücklich, ihr einen einmaligen Tag bereitet zu haben.

## 43.

Schließlich brach Antjes letzte Schulzeit an. Die Schule organisierte Praktikumsplätze in verschiedenen Nachfolgeeinrichtungen, damit sich die Schulabgänger besser für eine zukünftige Arbeit entscheiden konnten. Antje drückte vielerorts ihren Unwillen aus und war auch für Garten- und Töpferarbeiten nicht gut geeignet. Sie hatte in der Schule viel Geschick im Weben gezeigt und fertigte als Abschlussarbeit einen blauen Tischläufer an. Es bestand jedoch keine Möglichkeit, das Weben nach der Schule fortzuführen. Für mich waren diese Praktika mit zahlreichen Sorgen behaftet: In jeder Einrichtung suchte ich für Antje eine Bezugsperson, die sich ihrer annahm, sie pflegte und ihr bei allen Verrichtungen des Alltags half, doch war sie viel zu viel sich selbst überlassen. Ich stellte auch dort – wie schon früher – fest, dass keine noch so gute Einrichtung ein Zuhause ersetzen kann. Ob das nun die bereits erwähnte fehlende Körperpflege (Zeit- und Personalmangel), kalte Heizkörper (Senkung der Heizkosten) oder nicht witterungsgerechte Kleidung (fehlendes Mitgefühl oder Überforderung) war – es gab immer und überall Unzulänglichkeiten.

Die Lehrerschaft sah Antjes Reife als gute Voraussetzung dafür an, einen Wohnplatz zu belegen, aber ich war froh, dass es trotz aller Bemühungen um einen Wohnheimplatz nicht zu einer solchen Veränderung für Antje kam: Zum Zeitpunkt der Schulentlassung waren Plätze für Absolventen nicht leicht zu bekommen, so dass wir uns entschieden, Antje weiter bei uns im Haus zu behalten. Außerdem kämpfte ich zudem darum, für mein Kind ein Jahr Verlängerung in der Schule zu erreichen, weil Antje ihre Schulpflicht von neun Jahren nicht erfüllt hatte. Die Schule lehnte zu unserem Bedauern ab, weil in der Nachfolgeklasse keine freien Plätze zur Verfügung standen. Schmerzhaft mussten wir diesen Beschluss hinnehmen.

So rückte der Tag der Schulentlassung im Jahre 2000 unwiderruflich heran. Festlich angezogen betraten alle Schulabgänger die neue Aula, und im Festprogramm fanden Aufführungen mit musikalischer Umrahmung statt. Von der Seite beobachtete ich meine Tochter und freute mich, wie aufgeregt und erwartungsvoll sie in der Reihe vorn saß. Antje nahm mit uns zusammen von ihren schönsten Jahren Abschied. Es war mir weh ums Herz, doch musste ich alles geschehen lassen. »Ich wünsche dir alles Gute«, hörte ich die Worte ihres Lehrers. Antje reichte ihm die Hand und sagte: »Dankeschön!«

Alle drückten sich und konnten sich offensichtlich schwer trennen. »Wir behalten Antje zu Hause«, antwortete ich auf Anfragen anderer Eltern, die ihr Kind in einer Folgeeinrichtung unterbringen wollten und zufrieden waren, einen Platz für ihr Kind bekommen zu haben.

# 44.

Mit dem neuen Ausbildungsjahr begann für mein Kind ein neuer Lebensabschnitt: In einem so genannten Arbeitstrainingsbereich absolvierte Antje zwei Jahre lang verschiedene Abteilungen in der Lebenshilfe unseres Ortes. Antje war kein Kind mehr, aber es begann eine neue Eingewöhnungsphase, und ich merkte bald, dass der »Schutzraum«, den ihr die bisherige Schule geboten hatte, für mein Kind verschwand. Sie wurde jetzt oftmals wieder verhaltensauffällig, weil ihr Alltag aus vielen Anforderungen bestand, denen sie noch nicht ausreichend gewachsen war. Antje durchlief mehrere Arbeitsbereiche, in denen ausgetestet werden sollte, welcher der richtige Platz für sie wäre. Dabei handelte es sich aber nicht um gewohnte und liebgewonnene Arbeiten wie Weben oder Töpfern. Antje hatte einen langen Tag und kam erschöpft nach Hause. Täglich fing ich sie auf und glich mit viel Zuwendung ihren Stress aus.

Die späte Nachmittagszeit widmete sich Antje meist ihrer Lieblingsbeschäftigung, dem Malen, Musikhören, Tanzen, vor allem aber dem Kataloge ansehen. Sie liebte es, wenn der Papa oder ich abends am Bett etwas vorlasen, Geschichten erzählten oder Bilderbücher ansahen. Wenn ihr Papa auf der Mundharmonika Lieder spielte, dann war Antje begeistert.

Antje entwickelte im handwerklichen Bereich viel Geschick, und bald stellte sich heraus, dass sie in der Abteilung »Verpackung« am richtigen Arbeitsplatz war. Im August 2002 konnte sie ihren Werkstattplatz endgültig einnehmen. Sie arbeitete hier acht Stunden mit Frühstücks- und Mittagspausen. Wir verfolgten Antjes Entwicklung und erkannten bald ihre Stärken und Schwächen im Durchlauf der einzelnen Arbeitsabteilungen des Werkstattbereiches. Sie war inzwischen in der Lebenshilfe bei allen bekannt und behauptete sich auf ihre Art. Sie konnte sich über Mimik, Gestik und Betonung gut verständlich machen. Wir besuchten alle Veranstaltungen, die die Werkstatt organisierte, und ich holte Antje häufig ab. Sie merkte, wie wir sie schätzten und uns über ihre Zufriedenheit freuten.

Jeden Tag konnte ich beobachten, wie sorgfältig sie sich auf ihren

Arbeitstag vorbereitete. Sie legte ihre Kleidung auf einem Stuhl zurecht, packte schon abends ihre Tasche und achtete auf das Mitteilungsheft, das wir angeschafft hatten, um in Kontakt mit der Gruppenbetreuerin zu stehen. Antje konnte uns nicht alles so verständlich erklären, und so war das Heft eine gute Lösung, um Wichtiges mitzuteilen.

Frühmorgens legte sie ihr Frühstück mit Obst, Getränk und Brot in die Tasche, und nach einem herzhaften Kuss zur Verabschiedung stand sie bereit, wenn der Sonnenschein-Bus sie pünktlich abholte. Alles wurde zu einem Ritual, nichts durfte anders ablaufen. Selten hatten wir in der Woche Termine und merkten, wie Antje mehr Ruhe brauchte, als es ihrem Alter entsprach. Sie legte sich beinahe mit dem Sandmann ins Bett, und ich hatte das Gefühl, dass sie ausreichende Erholung brauchte, um am nächsten Tag ihrer Arbeit nachgehen zu können, die sie gern machte. In der Werkstatt war sie ein geschätztes Mitglied. Ich teilte mit meinem Kind die Freude an der Arbeit, half und unterstützte sie in ihrer Entwicklung und war der Überzeugung, dass Antje den richtigen Arbeitsplatz hatte.

In dieser Zeit erwähnte sie immerzu ihren Schulfreund Christoph, aber der nahm keine Einladung mehr zu uns an, Anrufe blieben aus. Von seiner Mutter erfuhren wir auf Nachfrage, dass er jetzt eine andere Freundin hatte. »Antje, such dir einen neuen Freund«, trösteten wir sie über ihren Liebeskummer hinweg. In lieber Erinnerung an ihn sehnte sie sich nach einem neuen Freund, den sie bald darauf in der Werkstatt fand. »Holer (Holger), mein Freund!«, eröffnete sie uns bald. Ich hatte Probleme herauszufinden, wen sie meinte, und lernte bald den jungen Mann bei einem Besuch in der Werkstatt persönlich kennen.

Antje wurde wieder fröhlicher und ging gern in die Lebenshilfe-Werkstatt. Sie entwickelte eine erstaunliche Selbständigkeit, war stolz, sich selbst etwas kaufen zu können und behandelte ihre persönlichen Sachen mit großer Sorgfalt. Mein Hauptanliegen war es immer gewesen, ihre Selbstbestimmung zu bewahren, und ich bemühte mich, ihr als echte Hilfe im Leben zur Seite zu stehen. Unser Tagesablauf stand im Einklang mit ihren Bedürfnissen, und wir dachten niemals darüber nach, dass es anders sein sollte. Wir begleiteten sie, planten unsere Zeit und erfreuten uns an ihrer Zufriedenheit und an jedem kleinen Glück, das sie erlebte. Wir ließen sie an Disco-Veranstaltungen teilnehmen, die für alle Behinderteneinrichtungen organisiert wurden, besuchten mit ihr Feste und Feiern, organisierten Sommerfreizeiten in der Gruppe, widmeten ihr täglich unsere freie Zeit.

Alles sandte sie in Liebe an uns zurück. Sie sorgte dafür, dass wir nicht miteinander stritten und lehrte uns, was wichtig war und was nicht. Sie verstand es, mir Kraft und Mut zu geben, um Schwierigkeiten zu meistern. Durch sie wurde ich stark. Oftmals musste ich bei Behörden und Gerichten um ihre Rechte kämpfen, und das erfolgreich!

Ich sah, dass Antje jegliche Anstrengung meiden und ich sie immer behüten musste, um sie keiner Gefahr auszusetzen. Ich lenkte ihren Alltag und konnte nicht ahnen, dass das Schicksal auf mich wie eine Lawine zuzurollen begann.

Langsam entwickelte sich in den nächsten Monaten zwischen Holger und Antje ein Gefühl, das sich zu entfalten suchte. Bald hatte sie den Wunsch, ihn einzuladen und ihm ihr Zimmer zu zeigen, doch tröstete ich sie: »Wenn wir von der Kur zurück sind, dann laden wir Holger ein.« Schwer gab sie sich mit meinem Versprechen vorerst zufrieden, aber es kam nicht mehr dazu …

Nach unserer Rückkehr von der Kur ging Antje für drei Tage in die Werkstatt. Sie war anders als sonst und winkte mir nicht nach. Zu Hause trat der innerliche Schmerz mehr und mehr hervor, aber ich ahnte nicht, dass ihr Ende nahen könnte. Sie konnte noch einmal ihren Freund drücken und war glücklich ihn zu sehen, aber gleichzeitig bohrte der Tod in ihr. Ich hatte niemals so schnell damit gerechnet, erst als es zu spät war, kamen mir viele Gedanken durch den Kopf, die mich nie mehr loslassen werden.

# 45.

Ich kann keine Zeit zurückdrehen, aber ich danke Dir, mein Kind, dass Du mein und unser Leben bereichert hast, dass wir ein kleines Stück des Lebens gemeinsam gehen durften! Du hast Deine Aufgabe hier auf Erden erfüllt und gezeigt, was im Leben wichtig ist und was Liebe heißt. Du hast uns Geduld und Bescheidenheit beigebracht. Du hast uns in allen Lebenslagen vermittelt, wie man verzeihen kann, hattest Humor, auch wenn Dir nicht danach war. Ein starkes, fest verknotetes Band legte sich um unser gemeinsames Leben, und Du hattest bedingungsloses Vertrauen. Du hast nie geklagt oder warst schlecht gelaunt, obwohl es Dir nicht jeden Tag gut erging. Du hast es verstanden, den Augenblick zu spüren und mich zu jeder Zeit zu verändern. Meine Aufzeichnungen halten die Erinnerungen an die gemeinsame Zeit mit Dir wach. Du warst ein Engel auf Erden. Danke, dass es Dich in meinem Leben gab!

Ich danke in Deinem Namen allen, die Dich so akzeptierten, wie Du warst und die mir für Dich eine Hilfe in Deinem Leben waren!

# Einmal noch …

Einmal noch dich wiedersehn,
Einmal sagen Dankeschön.
Einmal mit dir schmusen
Und drücken an mein' Busen.

Einmal noch in deine Augen sehn!
Einmal mit dir Wege gehn.
Einmal wieder mit dir lachen,
nochmal erleben schöne Sachen.

Einmal übers Haar dir streichen.
Immer jedem Unglück weichen.
Einmal wieder mit dir leben
Alles würd' ich dafür geben!

Einmal dich noch zärtlich küssen.
Einmal um dich kümmern müssen.
Einmal wieder glücklich sein
Mit dir, mein Engel, und mein Sonnenschein!

Ich liebe dich, ich kann es nicht begreifen.
Werd' in Gedanken Tag für Tag vergang'ne Zeiten streifen.
Ich bin so hilflos, mutlos, krank,
aber dafür, dass es Dich in meinem Leben gab, hab Dank!

*Deine Mutti*

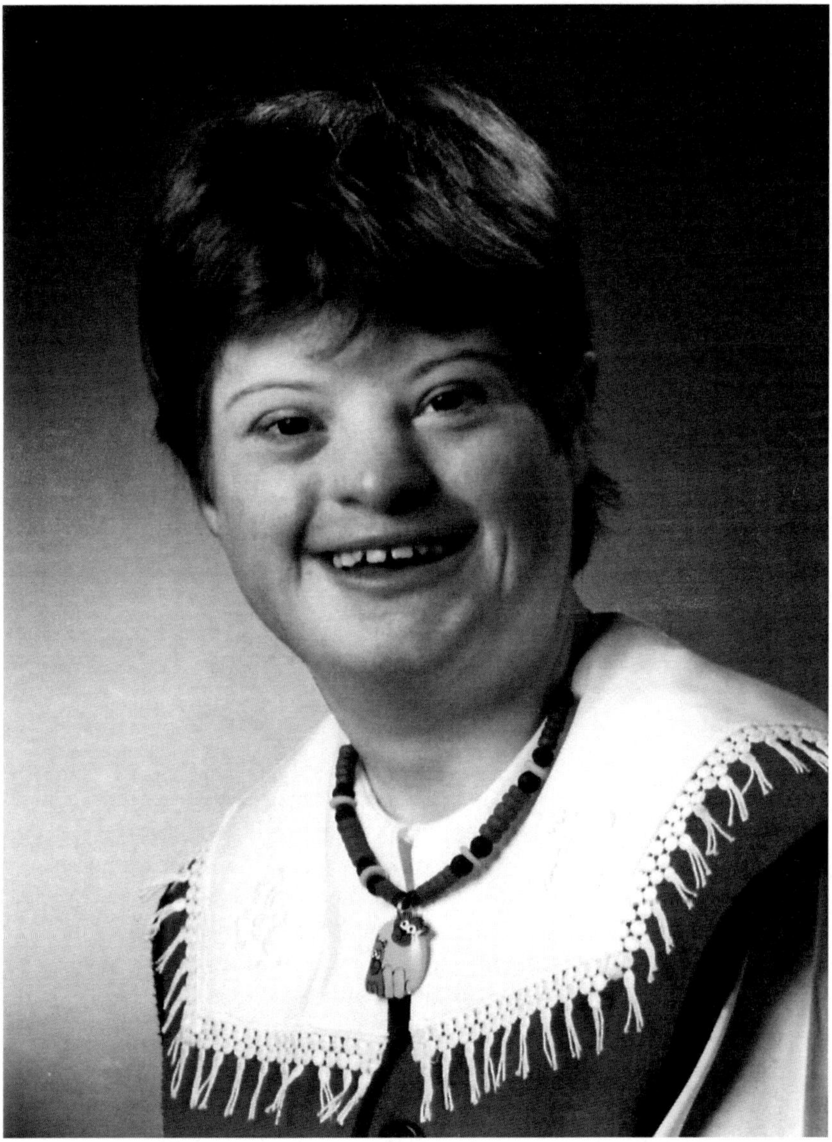

# Nachwort

Ich wollte mit meinem Buch aufzeigen, dass unser Kind – trotz aller Probleme bei der Bewältigung des Lebens mit einem behinderten Kind – Glück bedeutete, auch wenn der Bericht über Antjes erste Jahre nicht diesen Eindruck vermittelt.

Es war mir ein Bedürfnis, meine Seele zu befreien, die überwältigenden Geschehnisse aufzuarbeiten und ihr kurzes Leben zu dokumentieren. Die Erinnerungen an Antje sind lebendig in mir und die gemeinsamen Lebensjahre eine Bereicherung für uns.

Nichts wäre gut gegangen ohne meinen Ehepartner, der alle Freuden und Sorgen um Antje mit mir teilte. Ich danke ihm von ganzen Herzen dafür. Wir beide trauern um unser Kind, es ist durch niemanden zu ersetzen.

Ich freue mich, dass betroffene Familien heute viel Unterstützung erhalten und dass es eine Chance ist, mit einem behinderten Kind zu leben.

Obwohl mein Kind verschiedene Heimaufenthalte erlebte, bin ich der Überzeugung, dass diese auch ihre Persönlichkeit förderten und Antje in ihrer Entwicklung wachsen ließen. Aus heutiger Sicht käme für mich allein eine häusliche Betreuung in Betracht, weil die Anbindung an die Familie für unsere Down-Syndrom-Menschen meines Erachtens sehr bedeutsam ist, um sich geborgen und geliebt zu fühlen.

Vielleicht ist es mir gelungen, mehr Positives im Zusammenleben mit einem Down-Kind aufzuzeigen als Schwierigkeiten zu schildern. Ich würde mich freuen, liebe Leser, Ihre Meinung zu erfahren.